U0253511

城市受损生态空间修复保育及功能提升研究

——以长江三角洲城市群为例

任 引 严力蛟 田 波 左舒翟 李雅颖 姚槐应 黄 璐 张 婷 窦攀烽◎著

海峡出版发行集团 | 福建科学技术出版社
THE STRAITS PUBLISHING & DISTRIBUTING GROUP | FUJIAN SCIENCE & TECHNOLOGY PUBLISHING HOUSE

审图号：GS（2022）515号

图书在版编目（CIP）数据

城市受损生态空间修复保育及功能提升研究：以长江三角洲城市群为例 / 任引等著. —福州：福建科学技术出版社，2022.9

ISBN 978-7-5335-6754-5

Ⅰ.①城… Ⅱ.①任… Ⅲ.①长江三角洲 – 城市群 – 生态恢复 – 研究 Ⅳ.①X321.25

中国版本图书馆CIP数据核字（2022）第095519号

书　　名	城市受损生态空间修复保育及功能提升研究——以长江三角洲城市群为例	
著　　者	任引　严力蛟　田波　左舒翟　李雅颖　姚槐应　黄璐　张婷　窦攀烽	
出版发行	福建科学技术出版社	
社　　址	福州市东水路76号（邮编350001）	
网　　址	www.fjstp.com	
经　　销	福建新华发行（集团）有限责任公司	
印　　刷	福州凯达印务有限公司	
开　　本	787毫米×1092毫米　1 / 16	
印　　张	12.25	
字　　数	256千字	
插　　页	4	
版　　次	2022年9月第1版	
印　　次	2022年9月第1次印刷	
书　　号	ISBN 978-7-5335-6754-5	
定　　价	138.00元	

书中如有印装质量问题，可直接向本社调换

前　言　PREFACE ——————

　　生态文明建设是党中央"五位一体"总体布局中重要的环节。中国共产党第十九届中央委员会第四次全体会议提出，坚持和完善生态文明制度体系，促进人与自然和谐共生。生态文明建设是关系中华民族永续发展的千年大计。必须坚持节约优先、保护优先、自然恢复为主的方针，坚定走生产发展、生活富裕、生态良好的文明发展道路，建设美丽中国。

　　长江三角洲城市群（简称长三角城市群）位于我国长江下游和东部沿海地区，包括上海、江苏、浙江、安徽，区域面积共 35.44 万 km²。这一地区是我国经济增长最迅速、城市化最高的地区之一，以全国 3.69% 的国土面积，集聚了全国 16.1% 的人口、23.6% 的经济总量和 25.9% 的工业增加值，城镇化率为 67.8%；同时也是生态安全问题最突出的地区之一，在城市化进程中大规模的工程建设、大量废弃物的排放和频繁的交通运输等多种因素的综合作用下，城市生态环境质量日益恶化。城市周边的湿地不仅可作为城市水源地，也是候鸟停歇地、越冬地和繁殖地，具有较高的保护价值。但随着城镇用地的扩张，湿地面积和景观结构发生巨大变化，存在生物多样性下降，生态系统稳定性、恢复力、生产力及服务功能下降的威胁。城周山地退化植被由于人类活动的影响，原始林多已遭到破坏，现状森林大部分起源于伐薪迹地、人工造地上发生的低质效次生林和人工林。在当今城市土壤资源日趋紧缺、污染日益严重的形势下，加强城市化对土壤生态的影响研究，以及重建和修复受损的土壤生态系统具有极其重要的现实意义。随着城市化进程的加快，水资源环境安全是制约地区绿色发展的重要限制因素，结合环境物联网数据和模型方法，定量评估长三角城市群水安全状态，并应用评估结果于长三角地区可持续水管理，可为合理调配区域资源保障经济发展提供数据基础和科学依据。

　　在此背景下，第一批"十三五"重点研发计划项目先后立项了"京津冀城市群""长三角城市群""闽三角城市群"和"珠三角城市群"相关的生态安全保障技术研究与示范。针对城市湿地、土壤和植被要素，"长三角城市群生态安全保障关键技术与集成示范"项目特设立了"长三角城市群典型受损生态空间修复保育及功能提升技术与示范"课题。在课题开展的 4 年时间里，中国科学院城市环境研究所、华东师范大学、浙江大学、南京林业大学和中国科学院宁波城市环境观测研究站 40 名技术人员在不同地区对长三角城市群受损的湿地、土壤、植被及其生态系统服务功能和水安全精细化评估开展相关研究工作。

本书即是这一课题的研究成果。考虑到在开展生态修复的工作之前，应合理地评估研究区的实际情况，做到有的放矢、节约资源，并服务于政府主管部门探索形成科学的生态文明制度体系，因此本书分为四章，围绕城市湿地、土壤、植被要素和水安全评估与识别展开。第一章阐述了沿海城市湿地生态系统监测、退化风险评估和优先保护区域的识别技术（华东师范大学田波、张婷撰写）；第二章阐述了城郊农田、垃圾填埋场和城市河岸带土壤修复技术（宁波城市环境观测研究站李雅颖撰写）；第三章不仅阐述了城市可持续发展评估方法在长三角城市群的应用，而且深入探讨了长三角城市群植被退化原因，并提供了植被生态系统服务优化技术（浙江大学严力蛟、黄璐，中国林业科学研究院亚热带林业研究所史久西撰写）；第四章阐述了长三角地区过去 35 年来的产水量时空变化格局，提出了像元尺度的水安全评估技术及其在研究区 15 个重点城市的管理应用潜力（中国科学院城市环境研究所任引、左舒翟、窦攀烽撰写）。

本书获得了国家"十三五"重点研发计划项目"长三角城市群生态安全保障关键技术研究与集成示范"（2016YFC0502704），国家社会科学基金重大项目（17ZDA058），国家自然科学基金项目（31972951，31670645，31470578，41701638 和 41971236）资助，福建省科技计划项目（2021T3058，2021I0041 和 2018T3018）的支持。

作者

2021 年 3 月 1 日

目　录　CONTENTS

第一章　城市退化湿地评估与修复技术研究

一、沿海低洼地区湿地退化与丧失的快速风险评估

（一）开展滨海湿地评估研究的背景

滨海湿地拥有丰富的自然资源、商业资源、娱乐资源、生态资源、工业资源和美学资源，对人类当前和未来的福祉具有直接和潜在的价值。滨海湿地同时也是地球上最脆弱、生产力最高、经济上最重要的生态系统之一（Kirwan 和 Megonigal，2013）。这些生态系统包括沿海水域和邻近的海岸陆地，其中，盐沼、沼泽、红树林和潮间带泥滩等湿地是野生动物的重要栖息地。此外，湿地还提供和维持大量的水文、生物地球化学和生态服务，与社会经济效益息息相关，因此在人类福利中发挥着关键作用（Barbier 等，2011；McLeod，2011；Turner 和 Daily，2008）。滨海湿地的生态服务包括防洪、水土保持、野生动物食物供给、栖息地支持、商业湿地产品生产、水质净化、固碳、生物多样性保护、休闲娱乐等。

滨海湿地由于其低洼的地理分布特点和人口的快速增长，在人类活动和自然过程的双重作用下，滨海湿地面临严重的退化或丧失风险。其中，自然过程包括海平面上升、海岸沉降、侵蚀、风暴等。具体来说，全球变暖导致的海平面加速上升（SLR）对滨海湿地产生了巨大的影响，对湿地和沿海社区的物理完整性构成了巨大的风险（Huerta-Ramos 等，2015；Reeder-Myers，2015）。最近观察到的海平面上升对于潮汐湿地的影响研究表明，在全球范围内有大规模的沼泽湿地损失，尤其在密西西比河三角洲、切萨皮克湾、威尼斯潟湖、黄海和中国沿海地区。此外，针对区域性和全球性的评估与预测表明，到 21 世纪末，海平面上升就将导致湿地面积减少 20%—50%（kirman 和 Megonigal，2013）。人类活动主要包括海堤建设、堤防、填筑、排水、过度放牧、采矿、外来入侵物种的引入等。例如，为经济发展（如住房、旅游、水产养殖和农业）而进行的填海造地和海堤建设可能导致湿地的丧失或湿地植被结构和组成的变化，从而引发自然灾害（Kirwan 和 Megonigal，2013；Magee 等，2008；Nik-Zainal 等，2012；Pendleton 等，2012；Scott 等，2014）。Valiela 等（2001）发现，全球至少 35% 的红树林在 1980—2000 年间遭到破坏；在过去 200 年里，美国 22 个州损失了 50% 或更多的原始湿地。中国是沿海围垦最为活跃的发展中国家，近几十年来滨海湿地遭受了相当大的损失。此外，Tian 等（2016）研究表明，1985—2010 年，中国沿海各省（直辖市）共丧

失滨海湿地 754697hm²，这主要原因是沿海地区经济的蓬勃发展、城市化和工业的发展。例如，中国最大的三个河口——黄河口、长江口和珠江口湿地的面积、结构和生态功能都经历了巨大的退化（Chen 等，2005；Murray 等，2014；Tian 等，2015）。

湿地退化或丧失会对环境、人类健康、生物多样性、区域气候和区域生态安全产生负面影响。当滨海湿地的面积或质量下降时，湿地生态系统的碳储存和固碳能力下降；大量的温室气体被排放到大气中（IPCC，2013）。中、高排放情景下，气候变化的幅度和速度，对低洼沿海地区湿地生态系统的组成、结构和功能将造成突然和不可逆转的区域尺度的重大风险，进而产生不利影响，比如淹没、海岸洪水和海岸侵蚀。此外，随着未来几十年人口持续增长、经济发展和城市化，沿海地区对商业和住宅开发、能源、矿产、娱乐、废物处理、交通和工业活动的需求不断加剧和扩大，将给湿地带来相当大的风险和压力。

长期的滨海湿地监测，以及对其功能是否达到生态可持续水平的评估具有必要性。为了保护沿海地区的湿地系统，迫切需要评估和预测人类和自然过程对湿地的影响，以及这些影响对湿地造成的风险。对风险的评估依赖于各种形式的证据。证据的形式包括经验观察、实地考察、统计、模拟和基于过程的描述模型。本研究结合遥感（RS）和地理信息系统（GIS），提出了一种针对低洼海岸带湿地损失和退化的快速风险评估方法技术，通过 30m 空间分辨率 Landsat8（OLI）、1m 空间分辨率的航空影像和 GIS 空间分析，识别、检测和量化了对湿地丧失和退化有重要影响的城市扩张、农业、道路建设、入侵物种分布、海岸侵蚀和海平面上升因子，并利用加权因子线性模型对湿地退化和损失的空间风险水平进行了评价。

（二）滨海湿地退化风险评估方法

1. 研究区——杭州湾北部湿地

研究区位于杭州湾北部，上海南部。上海滨海带是一个狭长、低洼的滨海带，整个滨海区域海拔不足 15m，由盐沼、潮间带泥滩、基岩湿地、沼泽等多种湿地生态系统组成。这些生态系统的宽度从几百米到十多千米不等。

长江三角洲是长江口冲积平原，是世界上最著名的河流三角洲之一。该区域属亚热带季风气候，年平均气温为 15.7—15.9℃。极端夏季气温可以达到 39.1℃，冬季的极端气温可以达到 -10.6℃。年平均降水量约为 1273mm，日照 2038h，无霜冻 244d。长江三角洲也是中国河流密度最高的地区，单位面积平均河流长度达到 4.8—6.7km/km²。平原上有 200 多个湖泊。它包括耕地、林地、草地、水域、已开发土地和未利用土地 6 种生态系统类型。此外，它还是中国最大的经济核心区，2013 年的国内生产总值为 11.8300 万亿美元。但是土地面积仅为 21.07km²，2010 年该处拥有的人口已达 1.56 亿人。此外，由于土地需求的增加，滨海湿地复垦面积超过 5.8 万 hm²，主要用于农业和城市用地，年复垦面积 4.4hm²。此外，大部分天然湿地被养殖塘、库塘等与人类活动密切相关的土地覆盖类型所替代，导致湿地生态系统功能不断退化（Tian 等，2015）。

研究区包括内陆区和沿海区两部分。前者以低潮时浅水区的零米线为界，后者包括剩余区域。研究区海岸线总长 68.7km，其中位于南汇区的海岸线长 12.3km、奉贤区 31.6km、金山区 24.8km。

2. 压力源指标和风险分析

本研究使用压力指标来描述人为活动或自然过程对湿地损失和退化的潜在影响。虽然压力指标不一定代表生态退化，但它们往往与受损条件有关。主要风险与湿地环境的变化有直接关系，专家根据以下具体准则做出判断：影响的幅度大、可能性高或不可逆性；时间的影响；造成风险的持续脆弱性或暴露度；通过适应或减缓降低风险的潜力有限（IPCC，2013）。虽然这些压力源的存在和大小可能会影响湿地状态，但压力指标和状态之间的关系尚未明确确定。为了避免冗余，压力指标彼此尽可能独立是有必要的。例如，缓冲区中农业用地的比例或土壤磷浓度都可以用来作为一种压力指标，但不能两者都用，因为它们往往密切相关，本质上代表相同的人为压力。因此，分离各同质性指标是很重要的。

本研究选取城镇化、道路建设、农业、入侵物种、海岸侵蚀和海平面上升作为湿地丧失和退化风险评估的关键因子。这些因素可以导致湿地的物理、化学和生物变化，如植被的移除和替换、筑堤、排水、填塞、侵蚀、土壤磷的变化和非原生植物入侵。

沿海低洼地区的城市化包括商业和住宅的开发，以及基础设施、处理厂和水库的建设。由于这些活动，河口的营养物质和沉积物的输送发生变化，湿地的物理环境和水文也进一步受到影响。最重要的是，城市化引起的沿海人口增长和经济发展，导致土地资源需求增加，大量填海造地现象的发生，包括海堤建设和围垦。此外，农业活动对海岸带的胁迫与湿地退化有关，特别是土壤化学变化，如土壤中重金属和磷的变化。更具体地说，土壤磷浓度可以作为人类活动的一个重要指标，特别是导致富营养化的农业和住宅压力，尽管土壤类型、湿地类型、水文气象条件和其他因素可以极大地影响土壤磷的浓度。本研究选取农业斑块密度数据作为代表湿地系统的土壤、植被或水文变化的 6 个风险指标之一。道路或库塘的建设会限制湿地鱼类和无脊椎动物进入沼泽，改变水文条件，从而对湿地鱼类和无脊椎动物造成负面影响，导致营养物质、植被和野生动物的变化，降低生物多样性，影响水质。

滨海湿地是世界上最脆弱的生态系统之一，受气候变化影响，如海平面上升和风暴潮。Kirwan 和 Megonigal（2013）研究表明，在 21 世纪加速海平面上升和更频繁和更强的风暴情况下，湿地是最有可能受到侵蚀和洪水影响的区域，由此直接导致盐沼植被的死亡，沼泽和泥滩表面沉积物和有机物的冲刷。入侵物种具有迅速繁殖和取代本地物种的特性，是湿地系统中一个备受关注的问题。它们的存在和数量往往与人类主导的干扰呈正相关（Lozon 和 MacIsaac 1997；Mack 等，2000；Magee 等，1999，2008；Ringold 等，2008）。在上海，大约有 10 种已知的入侵植物。互花米草对沿海湿地系统构成了极大的威胁，给当地植物和水鸟群落带来了严重的问题，减少物种多样性，减少为野生动物提供的食物或庇护所。互花米草是入侵物种中最主要的一种。

3. 数据收集与处理

本研究利用 Landsat 数据监测研究区湿地的变化，该数据能够提供地球表面中分辨率连续的数据记录，因此非常适合本研究。为了获得城市用地和农业用地等土地利用数据，本研究获得了 2015 年美国地质调查局数据中心在没有云层的情况下拍摄的 118/39 行列号的 Landsat OLI 图像（http://glovis.usgs.gov/），并使用 1 级地形校正产品（L1T）进行图像处理，处理过程包括采用图像对地图的几何校正方法、辐射定标、使用（FLAASH）校正模块的大气分析。

其中利用归一化方法从 Landsat 图像中提取城市土地利用信息获得不同建成度指数（NDBI），该指数可以用于提取城市土地利用，并且能消除稀疏植被和水的影响。对于农业用地和道路建设，我们采用规则分类的方法，提取遥感图像的光谱特征、纹理特征和空间特征，如归一化水体指数，归一化植被指数、纹理、形状等参数。采用基于地形梯度的正交截面法计算海岸线变化率，并以此代替海平面上升速率（Li 等，2010）。

本研究使用的湿地数据来源于 2012 年上海湿地资源第二次调查。此外，我们还将航空影像、海图、数字平面图（1：5 万比例尺地形图）等数据作为辅助数据，以提高指标计算结果的准确性。

4. 评估单位和风险因素的量化

评价单元的划分是数据处理和分析的基础，直接影响评价工作量、评价结果的准确性和结果应用。评估单元的形状和大小是根据具体的评估要求和研究的实际需要确定的。由于评估区域为海岸带，本研究将低潮时浅水零米线作为重要参考。因此，在水平方向上，使用零米线进行缓冲区分析，得到 6 条 2km 宽的缓冲区用于水平分割。垂直方向上，我们通过将研究区域的外边界划分为若干等距海岸线来分割区域（约 1 km），并将内区分割成数目相同的等距线段。然后，将相应的外、内段线段的端点连接起来，生成一系列与岸线有效正交的带状评价单元（图 1-1）。通过这种方法获取的评价单元，虽然相互之间存在着细微的差异，但是确保了每个评价单元内部性质的相对统一。这种划分能够体现海岸带的特征，客观反映空间湿地的风险性。

为量化杭州湾北岸湿地的风险因素，结合遥感和 GIS 技术，采用空间分析方法。城市化指数反映了基础设施和城市化水平，与湿地斑块的风险指数成正比。在此基础上利用城市土地利用数据，计算城市用地在评价单元中所占的比例来描述城市化率。为表示农业活动，斑块密度指数的计算方法是将某一类别的景观元素总面积除以评估单位的总面积（McGarigal 和 Marks，1995），用来显示农业活动的强度。道路指数由边缘密度量化。边缘密度是指道路的长度占评价单元总面积的比例（McGarigal 和 Marks，1995）。一般来说，干扰强度越小，湿地状态越好。此外，由于岸线演化能够准确反映海岸侵蚀过程，因此采用每个评价单元的平均岸线变化率来评价海岸侵蚀过程。通过计算海堤外滩涂植被带的平均宽度，确定了海平面变化指数。但是，由于难以直接、准确地测量植被带宽度，我们使用了相应植被带的覆盖面积与评价单元总面积的比例。在野外调查数据的基础上，利用入侵物种总面积与湿地总面积的比值来量化入侵物种的指标值。该指数代表湿地和入侵物种的空间分布（图1-2）。

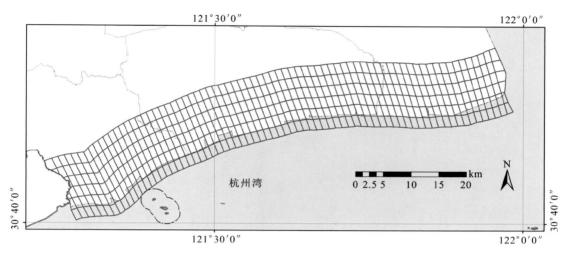

图1-1 研究区的评估单位以红色标示（每个评估单元大约是宽1km、长2km）

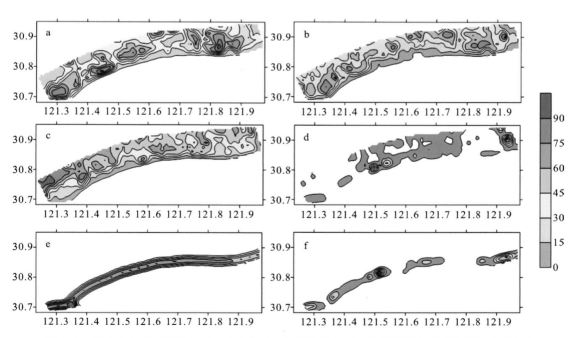

图1-2 城市化（a）、道路（b）、农业（c）、入侵物种（d）、海岸侵蚀（e）和海平面上升（f）的威胁指数（％）的空间分布［水平轴和垂直轴分别表示经度和纬度（°）］

5. 风险模型和风险水平计算

风险评估是利用多维指标体系对所研究系统的外部压力进行全面的评估。客观评价的基础是选择和确定科学合理的评价模型。在湿地退化及流失评估中，应用层次分析法（AHP）（Topuz 和 van Gestel，2016），这是一种科学分析情景和决策的方法，由于其简单性和极大的灵活性，被广泛应用于确定各评价指标的权重。该方法不仅考虑了湿地的社会经济发展，而且考虑了湿地类型和专家知识的特点。具体来说，这些因素的相对重要性可以通过两两比较来确定。该判定可以通过引入适当的量表（Saaty，1980）来表示（表 1-1）。

表 1-1　AHP 方法中两个参数之间的相对重要性

相对重要性量表	说明
1	A_x 和 A_y 同样重要
3	A_x 比 A_y 稍微重要
5	A_x 比 A_y 重要
7	A_x 比 A_y 重要得多
9	A_x 比 A_y 显著的重要
2，4，6，8.	相邻比例尺值之间的中间值

注：A_x 和 A_y 为评价指标。

并构建判断矩阵 A，其表达式为：

$$A=\begin{bmatrix} A_1/A_1 & A_1/A_2 & \cdots & A_1/A_n \\ A_2/A_1 & A_2/A_2 & \cdots & A_2/A_n \\ \vdots & \vdots & \vdots & \vdots \\ A_n/A_1 & A_n/A_2 & \cdots & A_n/A_n \end{bmatrix}$$ 　　　　公式 1-1

为检验结果的一致性，采用均匀度比（C_R）来表示，其表达式为：

$$C_R=C_I/R_I$$ 　　　　公式 1-2

其中：

$$C_I=(\lambda_{max}-n)/(n-1)$$ 　　　　公式 1-3

式中，λ_{max} 是矩阵的最大特征值，R_I 是矩阵一致性检验的随机指标（表 1-2）。一般来说，当

C_R 小于 0.10 时，判断矩阵具有令人满意的一致性；否则，应调整判断矩阵（Saaty，1980）。

表 1–2　随机一致性指标

A 阶	1	2	3	4	5	6	7	8	9	10	11	12
R_I	0.00	0.00	0.58	0.90	1.12	1.24	1.32	1.41	1.45	1.49	1.51	1.48

本研究的风险水平计算是基于对所有空间威胁因素的叠加分析，因为风险水平反映了湿地退化和丧失的风险程度，反映了不同程度的影响。除了指数计算方法外，还有几种数学方法可供选择用于加权变量组合为单个表达式，如算术平均、几何平均、均方根、平方的平均值、平方和、几何平均的平方等（Del Rıo 和 Gracia，2009）。由于简单加权方法在评估中被广泛使用（Delbari 等，2016；Xu 等，2016），本研究利用多元线性回归方法构造判别函数，来描述各评价单元的总体风险水平：

$$RI_j = \sum_{i=1}^{m} W_j A_{ij}\ (\ i=1,\ 2,\ K,\ m,\ j=1,\ 2,\ K,\ n\ ) \qquad 公式\ 1–4$$

式中，m 为评价指标个数，j 为评价单位个数，W_i（i=1，K，m）为评价指标的权重，A_{ij}（i=1，K，m；j=1，K，n）为给定指标的值，RI_n 为各评价单元的总体风险水平。最后，为了规范风险评估等级的结果，采用了基于量表的风险评估等级体系，从 0 到 100。这个评分制度包括 5 个等级，即，"很低"（0—20）、"低"（20—40）、"中"（40—60）、"高"（60—80）或"非常高"（80—100）。

（三）基于 AHP 方法的研究结果

基于以往的研究和专家意见（Sarkar 等，2016；Wanda 等，2016），采用两两统计技术对上述 6 个评价指标进行比较，并构建基于 AHP 方法（层次分析法）的判断矩阵（如公式 1-1）。采用 AHP 分析法确定各因素权重（表 1-3）。从表中可以看出，在 6 个因素中，城镇化和农业活动两个因素的权重最高。这一结果并不令人惊讶，因为城市化和农业活动会直接导致湿地丧失。此外，入侵物种的覆盖和海平面上升有相对较低的权重。这是合理的，因为物种的入侵和海平面上升的过程是缓慢的，因此它们对沿海湿地的影响只有在很长一段时间内才有明显反映。此外，道路和海岸侵蚀因子的相对重要性值高于入侵物种和海平面上升，但低于城市化和农业。这可以解释为，道路建设和海岸侵蚀可以直接改变湿地的水文条件，这对湿地结构和功能的维持非常重要。

表 1-3　采用 AHP 方法（Saaty，1980）计算湿地风险评价因子的判断矩阵（A 部分）和
各因子的权重（B 部分）

	A						B
	入侵物种	道路	农业	城市化	海岸侵蚀	海平面上升	权重
入侵物种	1	4	7	9	5	2	0.0357
道路	1/4	1	7/4	9/4	5/4	1/2	0.1429
农业	1/7	4/7	1	9/7	5/7	2/7	0.2500
城市化	1/9	4/9	7/9	1	5/9	2/9	0.3214
海岸侵蚀	1/5	4/5	7/5	9/5	1	2/5	0.1786
海平面上升	1/2	2	7/2	9/2	5/2	1	0.0714

　　根据判断矩阵（表 1-3）和公式 1-2，得到了一个一致性比，在本研究中为 0。由于 C_R 小于 0.10，判断矩阵是一致的（Saaty，1980），因此表 1-3 各因素权重可靠有效，能够满足评价要求。在此基础上，首先计算了研究区域湿地退化和损失的风险评估水平，然后对结果进行标准化，得到如图 1-3 所示的分布图。从图中可以看出，靠近海洋的区域在海岸堤岸向陆地一侧风险水平较高，而在海岸堤岸向海洋一侧风险水平较低。此外，图 1-3 还显示了研究区域内的 3 个热点：热点 1 和热点 2 位于金山化工园区，热点 3 位于洋山保税区区域。

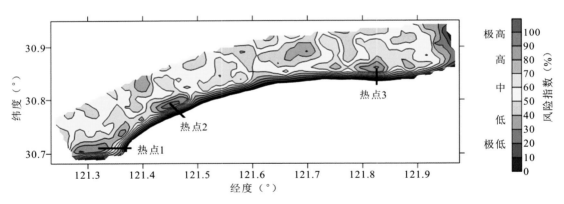

图 1-3　研究区内不同风险程度湿地的空间分布 [颜色条的值代表标准化 RI 值（%），RI
值采用公式 1-3 计算，横轴和纵轴分别代表经度和纬度（°）]

　　表 1-4 列出了不同湿地类型，即近海和海岸湿地、河流湿地、沼泽湿地和人工湿地的湿地退化和损失风险水平。不同风险等级湿地区域的统计数据如表 1-4 所示。由表 1-4 和图 1-5 可以清楚地看出，人工湿地是面积最大的湿地类型，占湿地面积的 90%。在这一地区，400 多 hm² 处于非常高的风险水平，4000 多 hm² 处于高风险水平，大约 25000hm² 处于中等风险水平。相比之下，大多数（85.3%）的近海和海岸湿地风险极低，介乎 0—20。就风险水平而

言，河流湿地和浅滩湿地类型面积相对较小，仅占湿地总面积的4.8%。与其他湿地类型相比，"非常高"和"高"风险水平的湿地所占比例更大（44.48%）。

表1-4 杭州湾北部湿地类型不同、风险程度不同的区域

	近海和海岸湿地		河流湿地		沼泽湿地		人工湿地		总面积
	面积/hm²	比例/%	面积/hm²	比例/%	面积/hm²	比例/%	面积/hm²	比例/%	/hm²
很低（0~20）	2009.6	85.3	0.0	0.0	0.0	0.0	488.4	1.2	2497.9
低（20~40）	0.0	0.0	0.0	0.0	602.7	33.3	11181.5	27.2	11784.2
中（40~60）	201.9	8.6	206.3	51.4	403.5	22.3	25030.1	60.8	25841.8
高（60~80）	0.0	0.0	195.0	48.6	602.5	33.2	4053.7	9.9	4851.3
很高（80~100）	144.4	6.1	0.0	0.0	203.7	11.2	405.5	1.0	753.6
总计	2355.9	100.0	401.3	100.0	1812.5	100.0	41159.2	100.0	45728.8

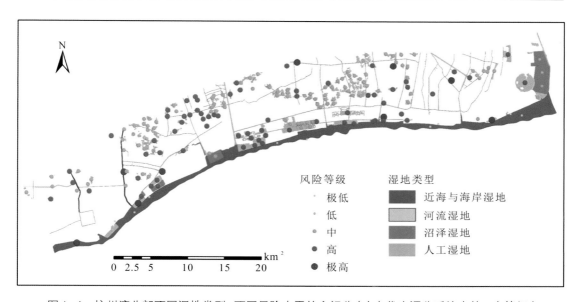

图1-4 杭州湾北部不同湿地类型、不同风险水平的空间分布（点代表评分系统中的5个等级）

（四）滨海湿地生态风险因素识别及管理对策

1. 人为因素和自然因素对区域生态风险的综合影响

受威胁最大的湿地生态系统（热点 1 至热点 3，图 1-3）集中在金山化工园区和阳山附近自由贸易港区。这并不令人惊讶，因为城市扩张和工业发展，如沿海填海造地、基础设施和工业，对生物地球化学过程、湿地生态系统结构和周围环境条件有重大影响（Tian 等，2010，2016）。具体来说，图 1-3 的比较表明，它们具有相似的空间模式，特别是对于 3 个热点。其中，城市化是对湿地生态系统构成最大风险的因素（表 1-3），道路的建设和扩张是威胁湿地生态系统的第三大因素，农业活动是威胁湿地生态系统的第二大因素。显然，高强度的人类活动对湿地生态系统产生的直接干扰，构成了极大的威胁。

近年来，受到土地政策、人口爆发式增长、改革开放以来区域经济发展等因素的刺激，城镇化、农业、道路建设等都是中国发展的重要因素。这些要素导致了湿地的大量丧失和湿地生态系统结构和过程的改变（Zhao 等，2006）。具体来说，沿海填海造地是为了创造新的土地来满足城市化的需要，通过建设大堤改变水文过程（例如，切断了海洋和湿地之间的水和物质的交换），从而修改湿地的类型（从沿海类型到内陆类型）。1985—2010 年，中国近 6 万 hm^2 滨海湿地被改造为旱地（Tian 等，2016）。沿海湿地是自然缓冲带，可有效减少了自然灾害的严重程度，如风暴潮和海岸线侵蚀。这种湿地的丧失，削弱了国家保护沿海地区的能力，增加了人类住区对气候变化的脆弱性（Barbier 等，2011；Snoussi 等，2008）。此外，城市和工业区产生的废水被排放到湿地生态系统中，对湿地生态系统的水质和生物地球化学过程产生不利影响，从而影响湿地生态系统的健康（Findlay 和 Fischer，2013）。

此外，3 种胁迫因子（物种入侵、海岸侵蚀和海平面上升）对湿地生态系统也产生了深刻而不可忽视的影响，尽管其影响不如城市化、农业和道路建设的影响明显或强烈（图 1-3）。入侵植物占据了原生物种的栖息地，导致原生物种数量的大量减少。上海引进互花米草是为了进行海岸生态工程，因为它的底泥稳定能力比本地品种大。然而，由于其惊人的扩张能力，它已经侵占了本土物种的栖息地。除了本土植物，这些地区的所有生物都受到了本土食物网破坏的广泛影响（Lu 和 Zhang，2013）。例如，互花米草的入侵导致沿海湿地的原生物种芦苇的急剧减少，导致原生水鸟栖息地的丧失（Ge 等，2015）。这说明外来物种的入侵可以极大地改变滨海湿地生态系统的功能和服务。

海岸侵蚀和海平面上升与气候变化密切相关。在海平面不断上升的背景下，近岸区域的海岸侵蚀不可避免地变得更加严重，并威胁到沿海湿地，包括位于潮间带的盐沼和泥滩（Kirwan 和 Megonigal，2013；Webb 等，2013）。此外，剧烈的气候变化导致沿海地区极端天气事件的增加，会导致沿海湿地暂时处于高水位，偶尔被淹没，从而改变了湿地生态系统的结构和过程（Michener 等，1997；Yang 等，2005）。随着气候变化的加剧，所有这些影响正逐渐变得具有破坏性。

上海作为一个地处河口三角洲的大都市，其海岸线上的泥沙淤积率目前已高到足以帮助盐沼和泥滩在海平面上升等气候变化影响下生存下来（Kirwan 和 Guntenspergen，2012；Morris 等，2002）。由于这些湿地生态系统的弹性，气候变化的孤立影响不是很强烈，因此在不久的将来，风险水平较低。杭州湾北岸湿地生态系统受到各种压力源的威胁，各因子之间的空间关系错综复杂，人为活动和气候变化对湿地生态系统构成了相当大的威胁。为进行合理的海岸管理，应进行基于地理空间的社会生态风险评估。

2. 基于地理空间的社会、生态风险评估和海岸管理

湿地生态系统分布的分散性和社会经济发展的不平衡性，导致大部分区域生态风险存在显著的空间异质性，生态风险与湿地生态系统脆弱性之间存在很强的空间关系（Berlanga-Robles 等，2011；Foudi 等，2015）。影响程度依赖于各种压力源的空间分布，如污染、海岸侵蚀和填海造地，其大小可以受距离的影响。随着遥感和 GIS 技术的发展，可以通过宏观空间分析快速评价湿地生态系统的复杂性，以及与气候变化和人为活动相关的综合风险（Barbier 等，2011；Zhou 等，2010）。此外，还可以通过分析应激源的分布，从空间和数量上研究生态风险的大小，从而为研究区域内的每个特定的生态应激源提供更详细的信息。例如，高空间分辨率的遥感图像，如 WorldView-3 卫星图像，可以提供 31cm 的全色分辨率和 1.24m 多光谱分辨率数据，可以在不同的空间尺度上获取更具体、更准确的风险评估结果。

随着海岸带特别是中国等发展中国家的快速发展，各种压力源与社会生态系统之间的空间关系将比以往任何时候都更加紧密。在本研究中，利用 RS 和 GIS 技术快速准确地评估了各种压力源及其空间分布的影响，从而有可能帮助海岸带相关机构和管理者获取湿地生态系统的整体图景。快速评估具有较高的空间覆盖率和较高的时间分辨率，更适合捕捉沿海城镇化的快速步伐。近几十年来，中国沿海地区以惊人的速度经历了快速而显著的城市化进程，地方政府的不可持续发展造成了大量的环境问题。为了正确评估各种环境压力源对高度动态区域景观的影响，基于空间的环境风险评估（SERA）与其他辅助数据的结合，是处理空间复杂性和高时间重复性问题的一种很好的实用方法。

基于沿海低洼地区城市化进程加快带来的各种压力源，SERA 为在具有高度动态性的区域实现局部或区域尺度的快速生态风险评估提供了可能。研究结果可通过提供生态风险和社会生态系统脆弱性的时空分布，协助城市规划者和环境管理者的决策。然而，由于概念模型的简化和空间数据的不确定性，SERA 难以用于区域生态风险综合评价。在风险评估中，往往需要对各种压力源的风险进行空间的定量的评估。为了简化湿地生态系统因其弹性而产生的动态反馈的复杂性，本研究假设湿地生态系统的条件是静态的，从而导致对风险的高估。在未来的研究中，湿地生态系统与各种压力源之间的动态交互作用应该在模型中得到更真实的表达，以识别交互过程。

二、结合遥感分析与模型应用的河口和沿海湿地生态系统监测

（一）开展河口和沿海湿地生态系统监测研究背景

河口和沿海湿地生态系统是地球上最有价值的生态系统之一，因为它们为全球数百万人提供了各种各样的生态系统服务（Costanza 等，1997；Barbier 等，2011；Webb 等，2013）。河口和沿海湿地生态系统生物地球化学过程、生态系统结构和位置独特，提供了纯净的水、海岸线保护和免受风暴潮和海岸侵蚀的生态缓冲（Chen 和 Zong，1998）；固碳（Huang 等，2010；Langley 和 Megonigal，2010；Barbier 等，2011）；为湿地动植物提供栖息地（Aiello-Lammens 等，2011；Fulford 等，2014）等各种生态服务功能。此外，在陆地和海洋之间的过渡带，河口和沿海湿地生态系统是地球上最具生产力和活力的生态系统之一，这是由于陆基河流过程和沿海海洋之间频繁的相互作用（Ericson 等，2006）。政府间气候变化专门委员会（IPCC）的一份报告指出，海岸带是全球气候变化下最敏感的区域（IPCC，2007）。因此，对海岸带的研究，特别是对河口和沿海湿地生态系统的研究，可以有效揭示气候变化。

随着社会和经济的发展，气候变化和人为活动的加剧，生态环境因子受到的威胁越来越大，干扰了生物地球化学和物理过程，造成生态系统功能的损失和降低（Chen 等，2001；Kirwan 和 Megonigal，2013；Webb 等，2013；Tian 等，2016）。此外，沿海富营养化（Deegan 等，2012）、水污染（Siddiqui，2011；Findlay 和 Fischer，2013）、集水区泥沙负荷降低（Yang 等，2011）和地面沉降（Wang 等，2012；Yang 等，2014）改变了河口和沿海湿地生态系统的结构和生物地球化学过程，从而降低生态系统的功能和服务。由于人类活动的加强，全球 50% 以上的盐沼、35% 的红树林、30% 的珊瑚礁和 29% 的海草已经消失或退化（Barbier 等，2011）。大多数沿海湿地由于快速的城市化或农业用途而变成排水土地（Huang 等，2010；Kirwan 和 Megonigal，2013）。

目前，许多研究使用各种方法来评估河口和沿海湿地生态系统在加速气候变化和高强度人为活动下的状态和趋势（Townend 等，2011；Fagherazzi 等，2012；Kirwan 和 Megonigal，2013）。自 20 世纪 70 年代首次发射陆地观测卫星以来，遥感技术已被广泛应用于监测土地利用和覆盖变化（LUCC），它反映了人类活动的时空动态（Chen 等，2000；Brooks 等，2006；Liu 等，2008；Klemas，2013a，b）。此外，未来的 LUCC 可以基于不同驱动力和不同类型土地覆盖之间的空间关系定性和定量建模（Veldkamp 和 Fresco，1996；Verburg 等，2002；Yu 等，2011）。考虑到泥沙输移、水文过程、生物组分和环境条件的综合影响，利用数值模型模拟了未来不同气候变化情景下河口和沿海湿地生态系统的演化趋势是重要手段之一（Temmerman 等，2003；D'Alpaos 等，2007；Kirwan 和 Murray，2007；Craft 等，2009；Schuerch 等，2013）。然而，以往的研究大多从人为活动和气候变化各自的角度，对河口和沿海湿地生

态系统的影响进行了评价，这可能导致对河口和沿海湿地生态系统影响的评价不准确。

因此，为了全面评估人类活动和气候变化对河口和沿海湿地生态系统过去和未来演化趋势的影响，本研究采用时间序列的 Landsat 卫星图像对中国快速发展的上海浦东新区的人类活动的时空动态进行评价。同时，利用 CLUE-S 模型和 SLAMM 分别预测浦东新区在现有人为活动和海平面加速上升（SLR）条件下的景观变化。通过分析景观变化，我们试图评估由于人类活动在短时间内造成的过去和未来的土地利用和土地覆盖变化、不同时间尺度下河口和沿海湿地生态系统在加速海平面上升作用下的演化过程、人为活动和海平面上升对河口和沿海湿地生态系统的综合影响。

（二）研究区——近浦东新区南汇东滩湿地

浦东新区位于上海东部（30°50′—31°23′N，121°26′—121°59′E），长江口至杭州湾之间，与我国大部分南部沿海地区相似，属亚热带季风气候，降水充沛（年降水量1233.4mm），气温温暖（长期平均年气温 16.3 ℃）。改革开放以来，由于特殊的发展政策，该区域经历了巨大的变化。近年来，随着城市化进程的加快，城市核心区的建成区比例迅速增加。

南水北调最大的湿地是南汇东滩湿地。该湿地位于长江口南岸，受江海复杂相互作用的影响。长江是世界上第三长的河流，在排水量和泥沙负荷方面位居世界第四大河流（Yang等，2007）。近百年来，受上游泥沙负荷的影响，长江不断向海扩张。长江口为半日潮，平均潮差 2.66 m（Liu 等，2010）。南汇东滩湿地受冲淡水和潮流的影响，周期性被咸水淹没。此外，南汇东滩湿地具有特殊的物理和化学条件，还生长着 3 个不同的植被群落（芦苇、互花米草和海三棱藨草）。南汇东滩湿地水文、地貌、生态成分相互作用复杂，是适宜湿地动植物生长的栖息地。该湿地是东亚候鸟的重要中途停留地，截至 2012 年，该地区记录的候鸟有 20 目 60 科 317 种（Cai 等，2014）。

（三）遥感分析和模型应用方法

1. 数据源和预处理

为了获取浦东新区的土地利用变化，本研究从美国地理调查网站（USGS，http://www.usgs.gov）下载高质量的 Landsat 存档图像（表 1-5），用于分类，以实现土地资源的评估。利用 ERDAS 图像软件对 2000 年采集的 1∶5 万地形图进行几何校正，作为其他时间点图像的基本地理参考。此外，在每张图像和基本图像之间进行图像对图像的地理配准，保证均方根误差（RMSE）小于 0.5 像素。为了提高分类精度，对所有图像进行了大气校正和图像增强。

由于潮汐淹没，在多雨多云的海岸带，很难获得每个时间点的最低潮位图像。因此，利用海图来描绘潮间带的景观要素。利用 ArcGIS 软件对潮间带水深、高程进行数字化处理，利用克里格插值法建立潮间带数字高程模型（DEM）。

表 1-5　Landsat 可获取的数据

传感器类型	条带号	数据采集日期 / 时间（标准 +8）	潮汐高度 / cm
Landsat-TM	118/38	1989-08-11 / 09:52:12	177
Landsat-TM	118/38	1995-08-12 / 09:28:58	207
Landsat-TM	118/38	2000-06-06 / 10:01:10	115
Landsat-TM	118/38	2005-08-15 / 10:14:44	212
Landsat-TM	118/38	2009-07-17 / 10:14:16	179
Landsat-OLI	118/38	2013-08-13 / 10:27:24	112

2. 基于面向对象分类的湿地变化检测

传统的分类方法是基于像素的分类方法，如最大似然分类和最小距离分类（Ozesmi 和 Bauer，2002）。然而，随着城市化的发展，我国海岸带土地利用结构和土地覆被发生了巨大而迅速的变化，导致滨海湿地严重破碎化（Ma 等，2014）。在沿海地区土地利用和土地覆被发生剧烈的动态性和破碎化的情况下，基于像素的分类方法在得到的结果中往往会导致误分类和"椒盐现象"（Jensen，2005）。为了提高分类的交互性，消除像素分类带来的"椒盐现象"，采用面向对象的分类方法，结合专题信息对浦东新区中的土地利用和土地覆被进行检测。

本研究采用易康软件实现面向对象的分类，主要分为两个步骤。首先，面向对象分类的主要步骤是遥感图像的分割。在这一步中，除了单个像素的光谱特征外，分割算法还考虑了背景像素的光谱特征，从而可以识别出同质像素的面积（Jensen，2005）。此外，将归一化差分植被指数（NDVI）、归一化差分建筑指数（NDBI）、归一化差分水体指数（NDWI）等专题遥感指标作为辅助数据纳入分割层，提高了分割和分类的精度。考虑到浦东新区土地覆盖的复杂性，将土地对象分为 11 类：潮间带泥滩（IM）、潮间带盐沼（IS）、河口水域（EW）、淡水沼泽（FS）、河流湿地（RW）、人工湿地（CW）、建成区（BA）、农地（AL）、林地（FL）、未利用土地（UL）及深水区（DWA）（表 1-6）。因此，在第二步中，基于我们在分割步骤中获得的对象，在该框架下对土地覆被类型进行分类。最后，利用现场调查数据对分类的准确性进行了评价。本研究在 2013 年对 360 个地面真值点进行了调查，验证了分类的有效性。

表 1-6　湿地类型的缩写和描述

湿地类型	缩写	描述
潮间带泥滩	IM	没有植被覆盖的潮间带低地
潮间带盐水沼泽	IS	植被盖度较高的潮间带地区
河口水域	EW	水域水深 0—6m
淡水沼泽	FS	被海堤和堤坝包围的沿海沼泽
河流湿地	RW	内河湿地
人工湿地	CW	池塘和水库
建成区	BA	城市建筑物、道路及不透水面
农业用地	AL	农业用地
林地	FL	林木茂密的土地
未利用地	UL	未得到有效利用的裸地
深水区	DWA	水深大于 6m 的水域

3. 受人类活动影响的景观变化预测

对于人类活动的影响分析，本研究考虑到以 LUCC 为代表的中国海岸带人为活动的复杂性和随机性，结合马尔科夫链模型和 CLUE-S 模型对 2025 年中国海岸带人为活动的影响进行了定量分析和空间预测。

具体来说，在这个建模流程的第一步，我们使用马尔可夫链模型对未来不同土地利用的数量进行建模。由于高强度人为活动条件下海岸带土地利用变化的复杂性，土地利用变化被认为是一个随机过程。一阶马尔可夫链模型是目前较为流行的短期土地利用 / 土地覆盖变化预测的经验模型。一阶马尔可夫链模型基于土地覆盖变化趋势和土地利用现状，预测了两个不同时间点之间从一种土地覆盖类型向另一种土地覆盖类型转换的可能性（Akin 等，2012）。本研究以 2013 年记录的土地利用和土地覆被作为预测模型的初始条件。此外，考虑到浦东新区政策的变化，根据 2005 年至 2013 年的观测 LUCC 计算出了人类活动的趋势，涵盖了整个五年计划。在此基础上，对浦东新区中的 LUCC 进行了 2025 年的模拟。必须指出的是，考虑到中国的土地利用习惯，制定了专门的土地利用转化规则来限制不合理的转化。

下一步利用 CLUE-S 模型计算土地覆被和土地利用的空间分布。CLUE-S 模型是由 CLUE 发展而来的，本研究选择 CLUE-S 模型来模拟土地利用和土地覆被变化，使用经验量化的土地利用与其驱动因素之间的关系（Veldkamp 和 Fresco，1996；Verburg 等，1999）。然而，CLUE 模型适用于国家和大陆规模发展的情况，粗略的空间分辨率（7—32km）（Verburg 等，2002）不能用于浦东新区。因此，本研究采用改进的 CLUE-S 模型对 2025 年 LUCC 进行空间模拟。根据湿地、建成区等土地利用类型的实际情况，本模型像素大小设定为 100 m。此外，物流驱动因素之间的二元回归分析，涉及黄浦江的距离、道路的距离、河流的距离、建成区的距离和海岸线的距离，以及未来场景中确定 LUCC 格局和模式的参数，这些参数均通过 ROC 曲线验证。此外，对于 EW、IM、IS、FS、RW、CW、BA、AL、FL、UL、DWA 等不同土地覆被类型，土地利用弹性分别设置为 0.9、0.5、0.4、0.3、0.9、0.2、0.9、0.3、0.1、0.9。从驱动因素与土地利用／土地覆盖变化的空间关系出发，对不同土地利用类型的转换进行了空间解释。

4. 海平面上升对沿海湿地的影响预测

沿海湿地也面临着来自海洋的威胁，尤其是海平面上升。在本研究中，采用 SLAMM 模型模拟了海平面上升对滨海湿地的长期影响。在海平面长期上升的情况下，利用 SLAMM，模拟了湿地转化和海岸线改造的主导过程。在当前气候变化框架下，使用的版本考虑了经验的模块，以避免高估海平面加速上升下的湿地损失（Clough 等，2010）。此外，模型还考虑了堤防的存在。沿海开发的土地可以用堤坝保护，因此在未经校正的模拟中，湿地的向陆演化将停止，这在中国沿海地区高填海强度下是可能的。

模型的输入，包括 DEM、土地覆被、现场环境参数（如侵蚀和吸积率、沉降、潮差）和基于未来气候变化可能的海平面上升情况参数，在每个时间步长（1 年）内，在建模区域内逐单元调整标高（Clough 等，2010）。模型中包含一个简单的单元格条件模块（淹没或侵蚀），该模块由单元格上下文和最大取水量决定（Clough 等，2010）。利用决策树，根据小区内最小高程与不同土地覆被类型之间的关系，通过改变每个小区的高程来实现湿地与其他土地覆被类型的转换（Clough 等，2010）。此外，河口水域的转化也考虑了盐度。

本研究从长江口海图中提取模型区域 DEM，并于 2013 年更新。此外，根据技术文档中类别转换的规则，将 2013 年遥感影像获得的土地覆被转化为 SLAMM 类型。由于城市化的快速发展，许多堤防沿着海岸线修建，因此这些地区不能改造成湿地，这些堤防在模型中被认为是保护已开发土地不被改造成湿地。根据《中国海平面公报》，海平面历史上升速度为每年 2.9 mm（Tian 等，2015）。此外，该模型以 IPCC 气候变化情景下的海平面上升为预测海平面上升的依据。然而，最近的研究表明，由于忽视了格陵兰岛和南极冰盖未来的融化，海平面上升被这种模式低估了。最近的研究预测，到 2100 年，海平面上升水平将会很高，如 0.8—2 m（Pfeffer 等，2008），0.9—1.3 m（Grinsted 等，2010）或 0.75—1.9 m（Vermeer 和 Rahmstorf，2009）。因此，在我们的研究中，1.5 m 被选为可信的海平面上升。

（四）土地利用／覆被（LULC）遥感分析和多模型模拟预测结果

1. LULC 显示的人类活动的历史动态

通过面向对象分类，对 1989 年、1995 年、2000 年、2005 年、2009 年和 2013 年浦东

新区中不同土地覆被面积进行了处理（表 1-7）。1989—2013 年，建成区面积增加 58804.89 hm²，年均增长 10.8%。然而，包括东西向在内的天然滨海湿地却急剧减少。超过 15000 hm² 的天然滨海湿地被改造成其他土地覆盖类型。此外，农田在 1989—2013 年出现了急剧下降。近 54% 的农田在过去几十年的快速城市化进程中消失。不过，森林覆盖率的增加表明，造林情况很好。1989—2013 年，森林覆盖率将近 300 hm²。此外，深水区的面积逐年减少，表明该地区有明显的向海发展。在特定类型的滨海天然湿地中，绝大多数类型都呈下降趋势。与 1989 年的面积比较，河口水域、潮间带泥潭及潮间带盐沼的面积分别减少 9621.54 hm²、3431.9 hm² 及 2641.8 hm²，降幅分别为 13.2%、51.4%、97.1%。

表 1-7　浦东新区的不同土地覆盖面积　　　　　　　　　　　　　　　单位：hm²

	1989 年	1995 年	2000 年	2005 年	2009 年	2013 年
EW	72716.25	72038.17	68661.85	67002.13	60136.32	63094.71
IM	6675.94	6241.71	8209.80	869.90	2141.25	3244.04
IS	2719.38	2360.70	2414.05	32.03	36.81	77.58
FS	294.04	395.58	3821.05	6483.72	4259.47	665.11
RW	4349.99	4837.97	4859.65	5065.73	4622.86	4317.36
CW	2342.88	3324.57	3321.15	3517.97	5658.13	3074.49
BA	22758.43	30027.96	38823.03	57059.07	67020.75	81563.32
AL	85966.46	77497.29	69580.95	53371.45	46282.20	39419.40
FL	5806.73	6991.00	7165.00	10162.89	10895.28	12149.74
UL	341.40	651.50	670.98	4095.65	1414.36	805.07
DWA	11666.15	11271.20	8110.13	7977.09	13170.22	7226.81

2. 人为活动下浦东新区湿地的未来变化

利用马尔可夫链模型计算不同土地覆被类型的需求（表 1-8）。与 2013 年浦东新区的 LULC 相比，近 42% 的农田被转化为其他土地覆被，浦东新区中仅剩下 22,641.95 hm² 的农田。预测到 2025 年，河口水域将比前一时期急剧减少，超过 8% 的河口水域将消失。此外，人工湿地的面积减少了 1090.62 hm²。在短期内，预测包括潮间带泥滩、潮间带盐沼和淡水沼泽在内的自然湿地将显著增加。潮间带泥滩、潮间带盐沼和淡水沼泽的增加率分别为 15.66%、261.33% 和 10.23%。建成区的增加在这一时期还在继续。预计 2013—2025 年，建成区将增加 2.3 万余 hm²，年均增长 2.4%。

表 1-8　利用马尔可夫链模型预测 2025 年土地需求　　　　单位：hm²

EW	IM	IS	FS	RW	CW	BA	AL	FL	UL
57941.84	3752.10	280.33	733.17	4000.08	1983.87	104627.39	22641.95	12399.16	851.77

从 2025 年 LULC 的空间分布来看，建成区向南北的大扩张是均衡的。尽管建成区面积迅速增加，但在未来可以得到更合理利用和保护的建成区内，并没有出现潮间带泥滩、潮间带盐沼、淡水沼泽等沿海湿地的大量丧失。然而，由于城市化的快速发展，大部分农田在这一时期转化为建成区。

3. 由海平面上升引起的海岸生境的变化

SLAMM 模拟了 2025 年、2050 年、2075 年和 2100 年 4 个特殊时期不同土地覆盖类型的变化百分比，结果表明保护模式下的干旱区、开发干旱区和未开发干旱区的面积没有发生变化。开放的海洋不会改变。特别值得注意的是，2013—2050 年，经常被淹没的沼泽面积从 77.58hm² 减少到 73.89hm²；2050—2100 年，经常被淹没的沼泽面积从 73.89hm² 增加到 77.48hm²。一般来说，定期泛滥的盐沼面积变化不大。然而，潮滩面积却不断减少，由 3244.04hm² 减至 2907.33hm²。值得注意的是，在不受人类影响的自然条件下，滨海湿地生态系统的演化过程中出现了过渡性盐沼。此外，内陆淡水沼泽面积由 655.11hm² 增至 1931.82hm²，河口开放水域从 2013 年到 2100 年持续增加。

（五）河口和沿海湿地生态系统退化原因

1. 人类活动造成的湿地流失

区域 LULC 是一个复杂的动态系统，受到许多自然和人为因素的影响，如城市化、气候变化、社会经济发展、人口变化和政府策略（Verburg 等，2002；Liu 等，2008；Siciliano，2012；Wang 等，2013；Jiang 等，2015）。在发展迅速的上海大都市中，人为活动在区域 LULC 的动态中起着至关重要的作用。改革开放以来，随着经济的快速发展和人口的不断增加，上海的城市面积有了很大的扩大。

最初，投资者被浦东新区工业和经济更为有利的政策吸引，在那里发展他们的工业。根据《上海年鉴》，2012 年工业生产总值（GIP）约为 1990 年的 42 倍，年均增长 192%（SSB，2013）。其结果是，由于对工业劳动力的巨大需求，越来越多的人流入国家核算体系，导致人口爆炸性增长。浦东新区的人口 1990—2012 年增加了近 80 万人（SSB，2013）。此外，城市化导致了人口组成的变化。1990—2012 年，农业人口比例从 53.4% 下降到 10.3%（SSB，2013）。大部分农业人口转变为非农业人口，说明上海传统农业区——民族区域经济体系发生了重大城市化。为了满足居民、工业和其他城市使用土地资源的需要，大量的农田被转化为建成区。《上海年鉴》显示，1990—2012 年，浦东新区的房地产投资从 15.8 亿元增加到 1459 亿元（SSB，2013）。此外，为了改善建成区的基础设施（如周边地区、工业区），林地从 1989 年到 2013 年持续增长。

然而，随着建成区的不断减少和人口的爆发性增长，农业生产的粮食短缺问题不容忽视。而来自长江的大量泥沙负荷使上海的沿海填海变得简单和廉价（Yang 等，2007；Liu 等，2010）。因此，为了应对土地资源的匮乏，大量的滨海湿地，包括潮间带泥滩和潮间带盐沼，被改造成农田和人工湿地，以缓解人口快速增长带来的粮食供应压力（Tian 等，2015，2016）。1985—2010 年，上海有超过 580km² 的滨海湿地被开垦用于其他土地用途（Tian 等，2016）。各种沿海湿地的中心向东北移动，垂直于浦东新区的海岸线。自 1995 年以来，沿岸许多湿地的消失速度非常快，这是由农田到建成区的大规模转化造成的。此外，由于港口和机场的建设，沿海湿地（主要是潮间带泥滩和潮间带盐沼）被改造为城建区（Zhou 等，2005；Wang 和 Ducruet，2012）。

基于马尔科夫链和 CLUE-S 模型的仿真结果，在短期内，建成区将在浦东新区中不断增加并向四面八方扩散。2025 年模拟预测的建成区总面积为 1046km²，是 1990 年的 5 倍。根据浦东新区总体规划（2010—2020），2020 年的建成区面积应该小于 831km²，但建成区在 2005 年到 2013 年快速增长，呈现轻微的高估。该模型也因同样的原因高估了农田的损失，说明发展模式发生了变化。然而，在 2005—2013 年城镇化快速发展的背景下，沿海候鸟栖息地将得到恢复。根据上海生态保护红线规划的建议，更多的沿海湿地将被保护为候鸟的中途停留地。虽然很难定量预测土地利用高精度的连续变化在不同时期的发展战略，特别是在一个人为活动频繁的地区，但这一趋势在不同的土地使用中通常被过高的预期。

2. 海平面加速上升对下河口生境可持续性的影响

滨海湿地生境是由潮间带生长的主要大型植物维持的动态生态系统，与水文、地貌相互作用，调节潮间带和潮下带滨海湿地的高程（Morris 等，2002；Temmerman 等，2005；Kirwan 等，2010；Kirwan 和 Guntenspergen，2012；Kirwan 和 Megonigal，2013）。由于全球气候变化和密集的人为活动，沿海湿地目前面临着巨大的挑战，尤其是在中国沿海地区（Craft 等，2009；Nicholls 和 Cazenave，2010）。随着长江口海平面的不断升高，由于海平面上升引起的侵蚀、淹没和风暴潮更加严重，到 21 世纪末将失去潮坪。然而，到 2100 年，盐沼的面积将会增加，这表明了植被的存在对于调节盐沼的海拔的重要性，使其能够在加速海平面上升条件下生存（Morris 等，2002；Temmerman 等，2005；Fagherazzi 等，2012）。在浦东新区，由于高强度的沿海填海，盐沼几乎消失。2009—2013 年，为了促进滨海湿地的淤积和恢复，在重建的滩涂上种植了盐沼演化的先锋物种——海三棱藨草，加速了滨海湿地的演化过程。根据模拟结果，2025 年上海将出现以较高级物种为主的湿地（如互花米草、芦苇），并将逐年增加。然而，盐沼的面积不会有太大的增长，甚至会比 2013 年的面积还要小。与滩涂的大量丧失相比，由于植被的存在，盐沼湿地在加速海平面上升条件下具有更好的可持续性。

由于整个流域的泥沙负荷丰富，长江三角洲在 21 世纪初之前的几十年经历了高泥沙积累（Yang 等，2011；Dai 等，2014）。然而，长江流域大量水坝的建设和水土保持的实施，导致水库蓄水和侵蚀土壤的稳定，减少了泥沙流入河口（Yang，2005；Dai 等，2014）。这些变化主要是由于三峡大坝的建设，导致入海口泥沙流量减少了31%（Yang 等，2007）。因此，潮间带和潮下带湿地的急剧侵蚀预计将发生在长江三角洲（Yang，2005）。此外，南水北调方案有可能显著降低进入三角洲的泥沙流量，导致长江入海口岸线侵蚀（Chen 和 Zong，1998）。在浦东新区中，根据 SLAMM 的模拟结果，滩涂面积将进一步在 2013—2100 年减少。除了泥沙流量的减少和植被的缺乏外，浦东新区潮滩侵蚀的另一个原因是深水航道的建设，这可能会加剧海水从公海入侵（Chen 等，2001；Swart 等，2012）。在全球海平面上升的情况下，当湿地被淹没时会发生侵蚀，从而提高水动力（Donnelly 和 berness，2001）。本案例研究是针对当前形势的长江三角洲沿海变化评价。为了更好地理解沿海生态系统的演化过程，需要进一步的研究来探测潮间带湿地生态系统在不同的泥沙输入场景和复杂的生态系统过程引起的海平面上升下生存的确切临界点。

3. 人为活动和海平面上升对河口湿地的综合影响

河口湿地景观的时空动态在不同的时间尺度上受到多种因素的影响，包括上游至开阔海域的自然驱动力和人为驱动力（Morris 等，2002；Kirwan 和 Megonigal，2013；Yang 等，2015）。因此，由于人为因素导致的生物地球化学和物理过程的影响（Lotze 等，2006；Kirwan 和 Megonigal，2013），在河口和沿海湿地生境的变化研究中不应单独进行。由于沿海和河口地区人口和经济的持续增长，社会经济因素和自然过程之间的关系将变得更加错综复杂（Lotze 等，2006；Kirwan 和 Megonigal，2013）。全球约有 20% 的河口和沿海湿地退化或消失（Barbier 等，2011）。在过去的几十年中，因为巨大的社会经济的发展和人口的增长，在中国沿海地区政府政策鼓励下，发生了大规模的 LULC 的块状转变，导致重要的河口湿地的过度开采和大量的河口湿地迁徙水鸟栖息地的消失（Huang 等，2010）。此外，尽管海平面上升加速，但由于水文条件的改变和长江大量的泥沙负荷，潮间带显著向海转移（Dai 等，2014）。与其他驱动因素相比，河口和沿海湿地的直接人为改造在海岸带短期动态中起着更为重要的作用。通过堤防、堤坝和海堤的建设，成百上千的河口和沿海湿地被改造成排水的土地，以满足浦东新区地区快速城市化所带来的土地资源需求，这是湿地流失的主要原因。由于加速海平面上升对河口和沿海湿地的影响很小，因此很难在短期内确定其影响。所以，面对高强度的人为活动和来自内陆方向的大量泥沙输入，海平面上海的影响可以忽略，只考虑短期时间尺度。对于长期演进的河口和沿海湿地，由于阻止向陆地进化河口和沿海湿地的人造建筑的存在，如果湿地的吸积率不赶上海平面上升，湿地栖息地可能面临向陆地和向海的方向空前的致命影响（Kirwan 和 Megonigal，2013）。

尽管河口湿地和沿海湿地在一段时间内一直被认为是脆弱的，但最近的研究表明，海岸湿地植被生长和水文地貌之间的反馈将有助于沿海湿地在海平面上升的破坏作用下生存（Morris 等，2002；Day 等，2011；Kirwan 和 Megonigal，2013）。植被的存在，尤其是盐沼植物的存在，会影响无机沉积物的捕获（Nyman 等，2006），影响有机沉积物的直接沉积过程（Li 和 Yang，2009）、空间流动和沉积模式（Temmerman 等，2005），进而通过调节的高程，抵抗海平面上升造成的淹没。人类活动和相关的气候变化干扰这些生物地球化学和物理过程，这增强了与生长在盐沼上的植物相关的反馈。例如，CO_2 浓度的增加增强了（C3）植物的光合生产力，加速了有机质的积累和盐沼的稳定（Langley 和 Megonigal，2010）。沿海富营养化促进植物生长，这有助于提高盐沼泽的海拔（Anisfeld 和 Hill，2012）。在上海，外来入侵物种互花米草（Spartina alterniflora）从北美引进，以加快沉积速率。该物种取代了本地物种芦苇，由于它具有更强的捕获无机物的能力，更有能力在加速海平面上升下生存（Yang 等，2013）。然而，由于大坝和水库的建设导致河口沉积泥沙负荷的减少，导致潮间带泥滩湿地和潮下湿地的沉积速率和侵蚀速率下降（Yang 等，2011，2015；Dai 等，2014）。此外，由于近几十年来难以提供淡水资源，地下水被过度使用，造成了严重的地面沉降，这对河口和沿海湿地的抬升能力产生了负面影响（Wang 等，2012）。因此，河口和滨海湿地生境的命运是难以捉摸的，因为不同驱动因素之间的相互作用复杂。

4. 海岸管理的内涵

长江是世界第三大河，三角洲辽阔，含沙量丰富。该三角洲为中国这个发展中国家提供了大量的土地。河口地区为农业、居住和娱乐目的而进行的过度填海造地破坏了河口生态系统，尽管三角洲河口有大量的泥沙输入。正如在马来西亚所观察到的那样，这种填海造地已严重减少了沿海抵御灾害的屏障。在本研究中，我们发现，在目前的海平面上升速率下，到2100 年底，泥滩将发生严重的侵蚀，尽管植被将在湿地的维持和生长中发挥强大的作用。随着泥沙输入的减少，如尼罗河所见，三角洲将以较低的速度发展，甚至遭受侵蚀。因此，在发展中国家，由于植被的有益影响，围垦强度应减缓，以适应沿海生态系统的演化速度。这种方法可能有助于大多数河口湿地在目前的海平面上升率下生存。然而，与长江和尼罗河不同的是，世界上许多河流缺乏足够的泥沙供应，河口湿地发生了严重的侵蚀和淹没。随着沿海地区受到的威胁日益增加，为了恢复湿地和减轻以前的填海造地，沿海系统进行了调整或修复。

综上所述，为了减轻海平面上升和气候变化带来的灾害，应该保持足够的面积作为沿海地区的缓冲区。为了发展中国家的可持续管理，需要人们适当的复垦率来维持缓冲区，使海洋和沿岸地区之间有植被覆盖。这种填海造地不仅能满足人们对土地资源的需求，而且还能减轻发展中国家在气候变化下海洋的影响。然而，基于生产模式，人们会倾向于为水腾出空间。一般来说，欧洲和北美大部分河口地带缺乏足够的泥沙负荷，导致湿地亚融合。为了维护海岸带的防御，保护海岸生物和财产，有必要采用生态工程方法退耕还林和种植植被。

三、动态三角洲海岸地区迁徙水鸟栖息地的保护优先权研究

（一）开展水鸟栖息地优先管理研究的背景

世界上许多三角洲海岸地区是迁徙水鸟的重要栖息地（Bellio 和 Kingsford，2013），其中包括亚洲（Iwamura，Fuller 和 Possingham，2014）、欧洲和美洲（Bairlein 2016）等部分区域。随着海平面上升、围垦、筑堤、外来物种入侵和人类活动，三角洲海岸地区能为水鸟提供食物、庇护所和繁殖地的湿地栖息地（如盐沼、红树林、滩涂和浅水）变得越来越稀少（Nicholls 和 Cazenave，2010；Lovelock 等，2015；Syvitski 等，2009）。尽管迁徙水鸟可以通过改变它们的迁徙路线（Rakhimberdiev 等，2011）或者飞行时间（Gunarsson 等，2006）来应对栖息地变化（Studds 等，2017），但是三角洲海岸地区栖息地的丧失和退化（Studds 等，2017）仍是导致迁徙水鸟数量急剧下降的主要因素，如美国密西西比三角洲、巴基斯坦印度河三角洲和巴西的亚马逊三角洲（Temmerman 等，2013）就存在这种情况。

为了减少水鸟种群和丰度的下降，近十年来有很多旨在保护水鸟的国际框架（Murray 等，2012）被提出，如《拉姆萨尔公约》（Kleijn 等，2014）和《保护野生动物迁徙物种公约》（CMS，2003）等。为了保护三角洲海岸地区的迁徙水鸟，目前也建立了许多国际重要湿地、自然保护区、国家湿地公园、鸟类保护区和其他类型的保护区。然而，由于高强度的人为干扰和快速的全球气候变化，三角洲海岸地区的水鸟栖息地面临高度的时空动态变化，并且在大多数情况下，全球三角洲海岸地区的湿地损失持续超过湿地收益。为有效保护迁徙水鸟及其栖息地，我们需要在三角洲海岸地区采用动态保护管理策略，以缓解这些快速变化的环境，实现栖息地保护优先区域的快速识别（Martin 等，2007；Klaassen 等，2008；Iwamura 等，2014）。

为了绘制三角洲海岸地区水鸟保护的优先区域，需要确定沿海栖息地的重要性、干扰度，以及这些干扰对水鸟种群过去、现在和未来的潜在影响，这些影响反映了水鸟对于干扰的暴露性、敏感性和适应能力（Metzger 等，2005）。已有的一些文献局限于水鸟个体的迁徙动态（Klaassen 等，2008），以及水鸟种群水平上水鸟与不同栖息地类型相对简单的关系探讨（Martin 等，2007），或是侧重于对沿海栖息地迁徙水鸟的单一影响分析。由于沿海三角洲的生态系统特征复杂，在时空尺度上获取滨海水鸟种群变化及觅食地、庇护所和繁殖地的详细特征仍然存在一定难度（Iwamura 等，2014）。

此外，三角洲海岸地区水鸟栖息地时空变化的野外调查费时费力，遥感则可以高效识别土地覆盖（Tian 等，2008）、景观结构（Ungaro 等，2017）、地形形态（Clausen 等，2014）、水文条件和人为活动（Dong 等，2013），是量化环境特征的得力技术。其在生态方面应用（Nagendra 等，2013；Pettorelli 等，2014），主要涉及栖息地划定（McDermid 等，2005）、特定

目标区域的地图绘制，例如森林（Wulder 等，2012）和湿地（Tian 等，2016）。然而，单一的遥感影像数据不能很好地解释水鸟栖息地的变化（Tett 等，2013），而目前中分辨率和多时相遥感光学和雷达数据可以方便、自由地获取，利用多源遥感数据构建基于过程的生境分析模型则有助于确定水鸟的栖息地需求及其对不同生境偏好的优先次序（Condet 和 Dulau-Drouot，2016）。

本研究提出了一个用于动态海岸三角洲地区水鸟栖息地优先管理的综合框架，将栖息地空间重要性和干扰度评估模型与遥感和地理信息系统（GIS）数据相结合。长江口作为典型的动态海岸三角洲地区，是东亚—澳大利西亚迁飞路线中鸻鹬类重要的过境地和雁鸭类的越冬地（Green 和 Elmberg，2014）。本研究的目的是：建立水鸟海岸带生境重要性和干扰度的综合评估模型；结合相关生态知识，从多源光学和雷达遥感图像中提取空间生境信息；应用综合建模框架，绘制动态海岸三角洲地区上水鸟栖息地保护优先图，并确定保护区内需要恢复栖息地或调整区域；确定保护区外需要进行干扰控制和施加保护措施，以提高水鸟生存环境的区域。

（二）利用遥感和模糊评估模型进行保护优先级确定的方法

1. 研究区域——长江三角洲海岸

长江是亚洲流域面积最大（$1.8 \times 10^6 \ km^2$），长度最长（6300 km）的河流（Bi 等，2017）。长江流域平均年输沙量约 4.9 亿吨。尽管三峡大坝的建造已导致流入长江口的沉积物相对于 2001—2002 年每年减少了 130mt，但是长江三角洲海岸（北纬 30°40'N-31°53'N，东经 120°51'E-122°12'E）还在迅速向海扩张（Yang 等，2014）。

长江口处于世界经济最活跃的城市之一——上海，该区域经济发展迅速，自 1985 年以来人口增加达 1200 万。城市面积也从 1985 年的 185 km^2 增加到了 2000 年的 550 km^2、2010 年的 998 km^2（Tian 等，2016）。然而，第二次全国湿地调查显示，上海沿海湿地面积下降了 545.19 km^2，2002—2012 年每年下降达 1.79%（Tian 等，2016）。此外，上海大约有 10 种已知的入侵植物。其中互花米草对沿海湿地生态系统的威胁极大，给本地植物和沿海生物群落带来了挑战（Huang 等，2017）。

尽管如此，一些地区仍然保持着良好的湿地环境，它们具有不同程度的保护状态，如国际和国家重要湿地、湿地公园和自然保护区，相比于未受保护的地区，这些区域吸引了大量的候鸟。鸻鹬类和雁鸭类是长江口主要的水鸟类群，占 2006—2010 年间记录的水鸟总数（796738 种）的 47.62% 和 30.36%，其中包括被列为国际自然保护联盟（IUCN）红色名录类别的物种。考虑到海岸线动态变化的特点，以及水鸟对大面积的深水栖息地的躲避，本研究通过海岸线缓冲分析确定了海拔 0 米以上的海岸生境带（参考吴淞基准面），同时使用数字海岸线分析系统（DSAS）确定了大约 1 km 宽的评估单元，该区域包括海水、河口、潮间带和部分陆地区域。

2. 栖息地重要性分析

重要的水鸟栖息地往往能为迁徙水鸟提供丰富的资源，包括食物资源、繁殖区和庇护所。这些资源的可用性通常反映了栖息地的质量（如物种丰富度和多样性）。生境重要性分析的目的是确定水鸟喜欢生境的类型、位置和空间分布。在长江口，根据野生动物保护站提供的水鸟野外调查和卫星跟踪数据（图1-5），可以发现鸻鹬类喜欢潮间带的浅塘，而不是高密度芦苇-互花米草带或内陆人工湿地，并且喜欢食用泥滩上的底栖生物，如腹足类、双壳类、甲壳类和小鱼。相比之下，雁鸭类常出现在涵盖一些植被的开阔水域，特别是废弃的鱼塘，偏爱海三棱藨草的种子、球茎和根，以及其他水生植物的嫩根和叶。

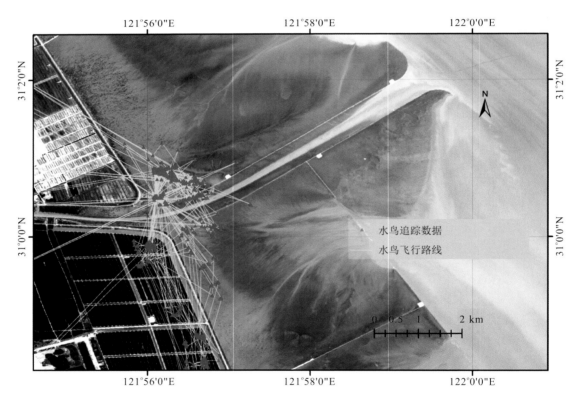

图1-5　2017年6—8月位于南汇东滩区域的雁鸭类琵嘴鸭的GPS追踪数据［追踪器型号HQBN2513，背景是2015年1月9日GF-1 WFV影像（RGB分别为波段1、4、3）］

结合水鸟习性分析，本研究将13个结构因子纳入生境重要性指数体系。所有的指标共分为3组。第一组共有5个参数，代表湿地生境参数：养殖塘，库塘，疏水道，潮间带沼泽（潮间带森林湿地、内陆沼泽），浅水区域；第二组代表了遮蔽地（繁殖区）参数，共有3个参数：农业用地，森林和草地，芦苇区域；第三组共有5个参数，代表食物资源情况：光滩宽度，土壤类型，沉水植被，盐沼（沼泽植被，提供茎和种子的海三棱藨草），辅助因子潮沟（由于潮汐作用，大量的鱼类、贝类和其他底栖资源被带到潮沟中，潮沟附近的海三棱藨草可以暴露在水面或浅滩上）。

因为沿海生态系统是一个模糊系统，具有边界模糊性（Tett 等，2013），本研究选择模糊评估模型（Sarkar，Parihar 和 Dutta 2016）量化栖息地重要性。该过程包括 5 个主要步骤：建立因子集、确定因子权重集、构建注释集、构建评价矩阵和计算因子隶属度。因此，本研究根据重要性指标体系，确定了生境重要性因子集，基于层次分析法（AHP）（Saaty，1990）确定了不同因子的权重，并将因子权重集分为不同的等级。然后，利用梯形隶属度函数，根据标准化分级标准，得到评价矩阵，并将权重集与评价矩阵相乘，确定各因子的隶属度。最后根据最大隶属度原则得出了每种水鸟栖息地类型的重要性等级：

$$HI=\sum^{i}\{\left[max\left(I_{wetland}+I_{shelter}+I_{food}\right)_{j}\right] p_{j}\} \qquad 公式 1-5$$

$$I=W\cdot R=(w_{1},\ w_{2},\ \cdots w_{n})\begin{pmatrix} r_{11} & \cdots & r_{1m} \\ \vdots & \ddots & \vdots \\ r_{n1} & & r_{nm} \end{pmatrix} \qquad 公式 1-6$$

式中，HI 表示生境的重要性，i 表示隶属度，p_{j} 表示水鸟类群 j 的标准化后的相对比例（这里指鸻鹬或雁鸭的相对比例分别用 0.6 或 0.4 的常数表示）；w 表示权重集（由每个因子的权重 w_{n} 组成），r 表示由判断值 r_{nm} 组成的评价矩阵，n 表示因子数（共 13 个），m 表示评价值（由 1 到 10 之间的值表示）。

3. 栖息地干扰度分析

人类活动和自然过程从多个方面改变水鸟用于觅食、筑巢或休息的栖息地状态。对于低洼海岸栖息地，环境变化造成的影响很容易导致水鸟种群数量的增加或减少。因此，分析海岸生境受到的干扰及其对现在和未来的影响是保护优先分析的一个重要组成部分。

在生境干扰方面，城市化和道路建设等基础设施工程对物种生境有很大影响，会导致生境丧失。风电场建设（Plonczkier 和 Simms，2012），以及由于渔业和农业等场地需求进行的湿地围垦直接导致了栖息地的退化（Tian 等，2016），海上风力涡轮机对鸟类造成的碰撞风险也是主要干扰因素。此外，入侵物种的引入和气候变化引起的海平面上升极大地破坏了海岸带区域，导致栖息地减少，威胁水鸟种群及其生存率（Wu，Zhou 和 Tian，2017）。

综上所述，本研究的生境干扰指数体系（表 1-9）由两部分组成：一部分是破坏性干扰因素，可导致快速和破坏性影响，包括城市化、道路密度、风力发电场、围垦；另一部分是慢性干扰因素，能对栖息地有持续性但短期内不显著的影响，包括入侵物种引进（如互花米草）和海平面上升。

表 1-9　水鸟栖息地优先权评估指标体系

第一层评估指标集	第二层评估指标集	第三层评估指标集
栖息地重要性	湿地栖息地	养殖塘 u_1
		库塘 u_2
		疏水道 s u_3
		潮间带沼泽（潮间带森林湿地、内陆沼泽）u_4
		浅水区域 u_5
	遮蔽场所	农业用地 u_6
		森林和草地 u_7
		芦苇区域 u_8
	觅食地	底栖生物量（光滩宽度）u_9
		底栖生物量（土壤类型）u_{10}
		沉水植被 u_{11}
		盐沼（沼泽植被，海三棱藨草）u_{12}
		潮沟 u_{13}
栖息地干扰度	破坏性干扰	城市化（2005—2015）u_{14}
		道路密度（2005—2015）u_{15}
		风电场 u_{16}
		围垦（2005—2015）u_{17}
	慢性干扰	外来物种入侵（互花米草）（2005–2015）u_{18}
		海平面上升（1980—2015）u_{19}

与重要性分析相类似，总干扰值可以从模糊评估模型中获得，并定义为 HD。对于每一个因素的权重应着重考虑，但这些干扰对不同的水鸟类群的差异影响可以被忽略，因为干扰受体是栖息地而不是鸟类。

$$HD=\max\left(D_{disastrous}+D_{chronic}\right) \qquad \text{公式 1-7}$$

$$D=W\cdot R=(w_1,\ w_2,\ \cdots w_n)\begin{pmatrix} r_{11} & \cdots & r_{1m} \\ \vdots & \ddots & \vdots \\ r_{n1} & & r_{nm} \end{pmatrix} \qquad \text{公式 1-8}$$

式中，HD 表示生境干扰，$D_{disastrous}$ 表示破坏性干扰，$D_{chronomic}$ 表示慢性干扰。

4. 遥感量化

由于参数的多样性，本研究主要对多源遥感数据进行采集、处理和应用（表 1-10）。其中，航空影像具有较高的空间分辨率，但其较低的时间分辨率不能保证信息的多样性。多波段卫星图像能有效地识别物体的变化，但受到空间和时间分辨率的限制。GF 卫星图像具有较好的时间分辨率和多尺度空间分辨率，且其光谱分辨率存在不足。雷达数据，如哨兵影像，对植被和地表的水分特性非常敏感，且由于雷达能够穿透云层，因此在解决云层覆盖问题时尤其有用。

表 1-10　数据源采集、处理和应用

系统 （传感器）	多光谱 波段 / no.	空间 分辨率 / m	重访 时间 / d	数据源 获取时间	数据 处理	栖息地指标量化
航空影像	4	0.5		2015	面向对象分割	计算养殖塘、库塘、疏水道、潮间带沼泽（潮间带森林湿地、内陆沼泽）农业用地、森林和草地、光滩宽度、土壤类型、沉水植被等因子的面积比例；计算城市化、道路密度和围垦的面积比重；计算风电厂数量
Landsat OLI / ETM +	7	30	16	2005-08-15 2005-03-12 2015-08-03	基于光谱、几何、纹理和上下文属性进行目标分类，计算参数包括: Clay Minerals Ratio, NDBI, NDWI 和 NDVI	与航空影像相同
GF-1 WFV	4	16	4	2015-01-09		与航空影像相同
Sentinel-1 IW	1	5 × 20	12	2015-11-29 2015-08-25 2015-09-18	多季节波段合成	芦苇、海三棱藨草和互花米草的面积比例
地形点 云数据				2016（单波束测深系统 Trimble R8 GPS 卫星定位系统）	底反照率独立测深算法	浅水区域的面积比例

这些数据的预处理是使用 Envi 5.3 软件和 Snap（Sentinel 应用平台）进行的。光学图像处理过程包括几何校正、大气校正和辐射定标。哨兵 -1 图像的处理包括辐射定标、散斑噪声滤波、配准和多普勒地形校正。从单波束测深系统和 Trimble R8 GPS 卫星定位系统获取的高密度地形点云数据的处理包括三角不规则网（TIN）和数字高程模型（DEM）的生成。

根据生境重要性和干扰度的评价指标，本研究采用 POK（像元—对象—知识）分类策略从遥感数据中提取因子（Chen 等，2014），这涉及不同对象的分层提取。除了通过实地调查获得的土壤类型数据，以及从中国海平面公报（SOA 2015）和政府间气候变化第五评估委员会（AR5）获得的海平面上升数据（IPCC，2014）之外，我们利用 Ecognition 9.0 软件对航空影像进行了面向对象的生境因子边界定义，并通过计算影像的指标计算，如 Clay Minerals Ratio（黏土矿物比）（Drury，1993）、NDBI（归一化差建立指数）（Zha，Gao 和 Ni，2003）、

NDWI（归一化差水指数）（Gao，1996）和 NDVI（归一化差植被指数）（Tucker，1979）获取相关显著特征参数，并利用 Cart（分类回归树）算法以及这些属性自动对主要生境因子进行分类（图 1-6、图 1-7、图 1-8），最后计算相关因子的比例和变化百分比，同时利用 Dinamica EGO 得到的情景进行因子趋势分析。基于蓝色和绿色波段，本研究利用 GF-1 WFV 卫星图像中的底部反照率进行测深算法计算，以获取浅水区的相对水深。

图 1-6　（a）2015 年 8 月 3 日的 Landsat 8 OLI 图像（RGB 分别为波段 6，5，2）；（b）2015 年 1 月 9 日的 GF-1 WFV 图像（RGB 分别为波段 1，4，3）；（c）Sentinel-1 IW 图像（RGB 分别为 VV 极化波段，2015 年 11 月 29 日、8 月 25 日和 9 月 18 日）；（d）2015 年的航空影像分割结果（RGB 分别为波段 3，4，1），形状参数为 0.20，密实度参数为 0.50

5. 保护优先级确定

生境重要性是生境质量的一种内在表现形式，同时也受到外界干扰的影响。这些内外因素的结合，是生境保护优先级的重要参考。因此，为了获取动态的保护策略，着重考虑当前的保护状态。保护状态可以包括许多自然的保护形式，这些保护形式在保护系统中扮演不同的角色，并具有各自的服务目的。对于现有的保护区，可以调整保护水平，制订动态策略来改善栖息地管理；对于未保护区，我们可以为具有高优先级的区域建立新的保护形式，从而解决栖息地保护的脆弱问题。这种动态保护策略可以通过对栖息地重要性、栖息地干扰度和保护类型的叠加分析得出：

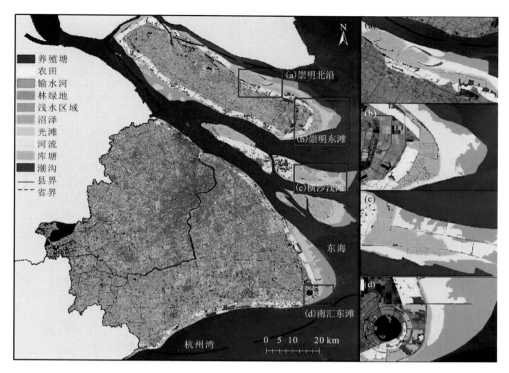

图 1-7　水鸟栖息地重要性分布图［2015 年 8 月 3 日的 Landsat 8 OLI 图像（RGB 分别为波段 6，5，2）］

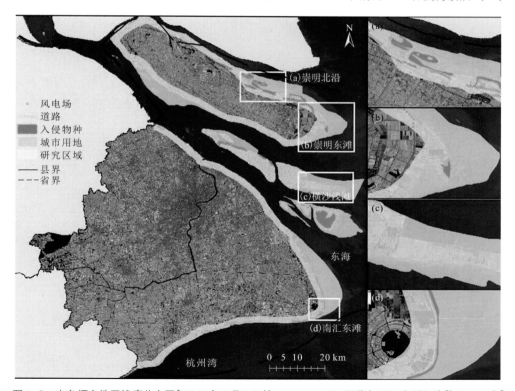

图 1-8　水鸟栖息地干扰度分布图［2015 年 8 月 3 日的 Landsat 8 OLI 图像（RGB 分别为波段 6、5、2）］

$$MPH = Overlay(HI, HD, HP)$$ 公式 1-9

式中，*MPH* 表示栖息地保护的管理优先级别；*HI* 表示栖息地重要性；*HD* 表示栖息地干扰；*HP* 表示栖息地保护级别，从 1 到 10 级分别为动植物保护区、景观自然综合体、Ecolo 生态区、归档区域、自然遗迹、Natura 2000 区域、受保护的景观区域、景观公园、自然保护区、国家公园。叠加分析的具体标准和策略如表 1-11 所示。

表 1-11　叠加分析的具体标准和策略

策略	*HI*	*HD*	*HP*	*MPH* 描述
1	高（≥5）	低（≤3）	N	潜在保护区
2	高（≥5）	高（≥5）	Y	保护加强区
3	低（≤3）	低（≤3）	Y	保护增强和修复区
4	低（≤3）	极高（≥7）	Y	调整和紧密监测区

注：N 表示没有保护形式的区域，Y 表示已有一定保护形式的区域。

（三）水鸟栖息地价值评估和影响因素分析结果

1. 空间评估

长江口三角洲海岸区域水鸟栖息地的价值在研究区域内存在差异，如图 1-9 所示。崇明东滩、北滩、九段沙、南汇东滩等东部沿海地区生境重要性较高；除崇明北滩外，其余地区生境干扰程度较低。长江口南岸也表现出较高的扰动强度。在保护水平上，可以发现研究区内不同区域存在不同的保护形式，崇明东滩等有重要生境的区域处于被保护状态。

生境重要性、干扰度和保护等级的叠置结果显示，具有高保护优先级的区域在保护区内外均有分布。对一些地方而言，原有的保护水平还不够，应进一步提高具有高优先级生境的保护水平，如横沙浅滩和南汇东滩。保护区内的生境，如崇明东滩南部，重要性低、干扰小，为提高生境质量，须进行生境恢复。对于重要性低、干扰性大的保护区内的生境，如长兴岛青草沙水库部分区域，需对原有保护水平进行密切监测和调整。具有一定保护形式的区域，若干扰性低，而重要性很高，则须密切监测，进行较少的人为干预，除非干扰增加才需要采取强烈、主动的保护策略。

2. 统计分析

动态三角洲海岸地区的大部分迁徙水鸟栖息地与土地覆盖类型、植被结构、地形、潜在人类影响和自然干扰显著相关。这些因素与生境重要性、生境干扰度直接相关，综合决定了生境保护的优先性。就生境重要性而言（表 1-12），我们发现约 2/3 的区域生境重要性水平

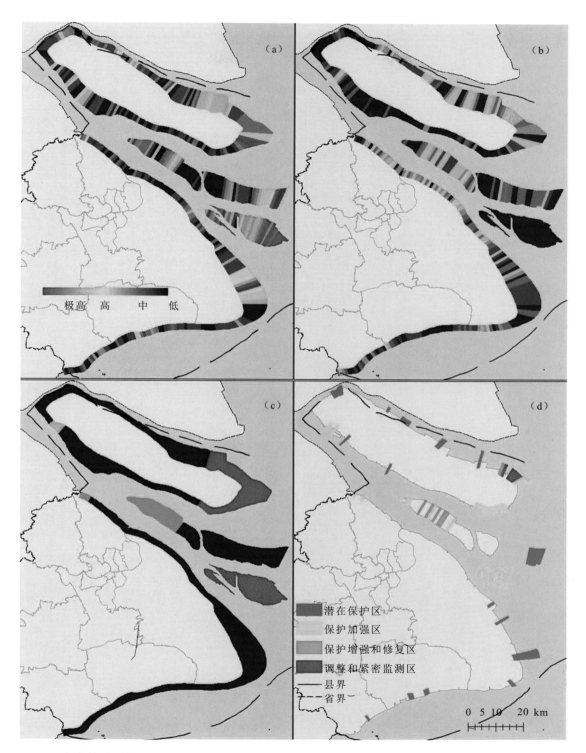

图 1-9 栖息地重要性（a）、栖息地干扰度（b）、栖息地保护水平（c）以及 3 个要素（d）的叠置分析结果

较低（＜3）（119123 hm²），而只有9%（17206 hm²）的区域生境重要性水平非常高（＞7）。受高水平干扰（＞5）的区域占21%（38432 hm²），而受低水平干扰的区域占研究区域的主导地位，约占73%（136291 hm²）。

此外，尽管叠置分析显示保护区占总面积的30%，但结果表明，8%的总保护区（约15422 hm²）需要采取一些措施加强水鸟栖息地保护。其中，需要加强保护、加强恢复、优先调整和高强度监测的面积分别为3722 hm²、9444 hm²和2256 hm²。对于非保护区（占总面积的70%），高重要性和低干扰的栖息地，即潜在保护区的面积达13602 hm²，该类区域需要采取相应措施进行干扰的控制和管理。

表1-12　栖息地重要性、干扰度和保护区域的面积　　　　单位：hm²

等级（1-10）	低（≤3）	中（＞3和＜5）	高（≥5和＜7）	极高（≥7）
HI	119122.56	25706.75	24564.73	17206.14
HD	136291.52	11876.38	26120.02	12312.26
HP	131094.55	12347.13	1421.25	41737.24

（四）基于空间评估和因子分析的管理应用

1. 生态遥感前瞻

由于遥感数据易于获取，因此可以将地理信息系统和遥感技术作为生境趋势中长期变化分析的主要手段（Pringle等，2009）。例如，Landsat卫星影像是最广泛使用的遥感数据形式之一，是生境监测的主要数据来源，能提供生境质量变化前后的详细数据，有效量化重要的破碎化过程和连通性变化过程（Adamo等，2016；Kleijn等，2014；Nagendra等，2013）。

尽管地理信息系统和遥感技术可以利用最新的空间信息辅助生境的保护和管理，但从单个遥感影像中提取的信息通常代表瞬时测量值，忽略了要素的极值，不能反映整体的生态特征。例如，由于潮汐的影响，很难用具有中等时间分辨率的图像直接确定泥滩的最大暴露面积。此外，低空间分辨率图像难以有效地确定高精度植被类型，而高空间分辨率图像由于缺乏光谱信息，无法提取多个目标。

结合多源数据可以避免这些问题，使提取的信息更加准确和全面。为此，具有高重现率的GF-1图像有助于潮滩数据的提取，而来自多个季节的哨兵-1影像数据则使我们能够更好地区分海岸区域的植被。当然，多源遥感影像的生态应用是非常有前景的。例如，激光雷达数据和高光谱数据可以为水生植被提供高精度、高分辨率、高密度的数字特征信息（Adamo等，2016），这些信息有助于改善栖息地特征的获取。将这些数据与地理信息系统空间分析相结合，可以在较大的空间尺度上精确确定水鸟生境选择的综合影响因素（Pringle 等，2009）。此外，通过建立原位观测和无人机（UAV）观测系统也可以在未来的应用中发挥重要作用，有助于检测栖息地三维结构的变化（Tiner，Lang 和 Klemas，2014）。

2. 栖息地重要性和干扰度

根据迁徙水鸟习性的分析结果，生境质量主要取决于水鸟生存所必需的因素，包括休憩场所和食物的供应。此外，不同的水鸟种群有不同的生境偏好，这表明水鸟对生境的敏感性会导致生境选择的差异，并且多种生境组合会影响生境的重要性。因此，核心生境类型的数量及其在分析单元中的比例是生境重要性的直接体现。本研究以隶属度作为重要性判断的依据，用权重集和评价矩阵的乘法加法算子表示，反映了不同生境结构（包括生境类型及其比例）的偏好程度。

作为自然界的受体，三角洲海岸区域不仅为水鸟的生存提供栖息地"输出"，还受到外界干扰的"输入"。此外，外界干扰往往具有一定的强度和时空效应，造成生态系统的不稳定。城市扩张、围填海、道路和风力发电场建设带来的干扰影响是破坏性的、永久性的，而入侵物种的引入、海平面上升、海岸下沉和侵蚀可被视为慢性干扰，随着时间的推移，会影响栖息地的重要性。综合这些破坏性和慢性干扰，栖息地脆弱性的变化可以有效反映栖息地对干扰的敏感性、暴露度、应对能力和适应能力的不确定性。

3. 栖息地保护管理

在动态三角洲海岸，人类活动和自然干扰导致迁徙水鸟生态系统功能丧失，从而影响其种群结构和生存（Troupin 和 Carmel，2016）。不变的生境保护管理策略由于无法跟上变化的生境可能产生相反的效果。一些研究表明，国家公园的建立可以加速周边地区的人口增长率，增加自然区域的碎片化（Gimmi 等，2011；Troupin 和 Carmel，2016）。

面对保护政策的低效性，如何平衡水鸟栖息地的"供给"和"需求"，动态调整保护优先次序，是决策中需要考虑的关键因素。本研究提出的 MPH-DC 框架，将模糊评价模型和 Dinamica-EGO 模型耦合以实现生境的"供给"分析，包括各种生境参数的获取。同时，遥感数据的整合使得该框架能够适合任何规模大小的海岸带区域。

对中国而言，由于与水鸟相关的湿地对其他野生动物物种的重要性已成为共识，因此对迁徙水鸟的保护管理将有助于科学界定中国生态红线边界。这一定义也是制定其他管理策略的基础，如生态安全预警、生态补偿和生态安全保护。当然，迁徙路线上单一地点的保护不能完全解决水鸟保护的问题，任何一部分的威胁都会影响迁徙物种的整个种群（Runge 等，2015）。因此，保护迁徙物种是各个国家的共同责任，MPH-DC 优先管理框架为沿岸栖息地提供了水鸟迁徙网络有效保护策略。

四、滨海湿地物联网观测数据预处理方法研究

（一）滨海湿地异常观测数据检测研究背景

滨海湿地处于陆地与海洋的交错区，受陆地生态系统和海洋生态系统共同作用，是世界上生产力最高的生态系统之一，也是在不断发生变化的动态区域，在科学研究与社会服务中均有巨大生态价值和作用（Costanza 等，1997）。生态物联网观测系统是一种新兴的野外数据观测技术，可以实时采集大量、连续、复杂多样的数据并进行清洗与转换，实现对研究区生态状况连续、精确的观测与评估（宋庆丰等，2015）。由于传感器自身技术限制与野外环境干扰等因素，生态物联数据不可避免会出现传感器读数异常、空值、数据漂移等异常情况。这些异常数据不仅会对其展示产生困难与误解，还会影响数据使用，使计算结果出现偏差，因此异常数据检测对生态观测数据预处理非常重要。与此同时，部分极端事件如风暴潮等导致环境变化也会使观测数据表现"异常"，通过预处理方法分析这些异常数据可以挖掘其背后代表的信息。

异常数据的检测方法有很多，其中人工检测法是一种准确度高且使用广泛的检测手段（Fiebrich 等，2010）。随着多环境要素同步观测、海量数据积累，极大的工作量使这种方法应用越来越局限。目前自动化检测主要分为统计和物理两种方法。统计学方法中，最常用的是通过判断观测值否超出背景数据 3 倍标准差的范围（3σ 准则）来判断是否存在异常（Byer 和 Carlson，2005），但是这种方法要求数据符合正态分布。Wu 等（2018）基于残差概率分布，结合观测数据时空特征，提出了空气污染物异常值的检测方法。魏媛等（2016）使用 D-S 证据理论，融合多水质观测指标的异常概率，判断水质是否出现异常。物理方法主要为基于距离或基于密度的异常值检测，如 Breunig 等（2000）提出的 LOF（Local Outlier Factor）算法，Billor 等（2000）提出的 BACON（Blocked Adaptive Computationally Efficient Outlier Nominators）算法，这些方法主要针对非时间序列数据。Hochenbaum 等（2017）基于 S-H-ESD（Seasonal Hybrid Extreme Studentized Deviate）算法，对 Twitter 数据实现时间序列周期自动分解，并分析其异常数据。另外近些年随着数据挖掘技术的发展，人工神经网络、支持向量机、贝叶斯网络等智能识别算法也得到了广泛应用（Babin 等，2008；Modaresi 和 Araghinejad，2014）。

滨海湿地具有特殊的人文、地理、气候条件，其海陆相互作用动力、界面条件复杂，受潮汐影响，环境变化快。极端天气较为频繁，长期处于盐沼环境，传感器损耗较大。加之近年来围垦、吹填等人类影响。在此环境下，滨海生态物联网观测数据变动复杂、异常情况较多，其中传感器错误读数与因异常事件导致的数据变化时常混合在一起，

难以判别。此外，滨海湿地生态系统水—土—气—生—地等要素复杂多变并且相互综合作用，各观测要素间的相互变化关系对异常数据的判断具有重要作用。Zhang 等（2010）在无线传感器网络异常值检测综述中认为，目前大部分异常数据检测方法没有考虑多环境要素间的相互作用关系。因此，综合多要素判断异常数据是目前生态物联观测的一个难点。

本研究以上海崇明东滩国际重要湿地生态观测数据为对象，探索异常数据特征，构建针对滨海湿地生态观测异常数据的检测方法，实现生态物联观测数据预处理与质量控制，挖掘异常数据背后信息，保障实时在线物联生态观测数据质量及数据应用。

（二）监测数据来源与预处理方法

崇明东滩国际重要湿地位于上海市崇明岛最东端长江河口入海处，是长江口地区规模最大、发育最完善的河口型潮滩，也是亚太地区水鸟迁徙的重要通道。崇明东滩生态物联观测系统（图 1-10）以湿地植被、水环境、鸟类栖息生境等为研究对象，基于湿地关键生态要素的生境特点，建立水文水质、气象、土壤、植被和地貌关键生态要素的信息采集—实时传输—远程监控的物联网技术。其连续在线的观测数据为湿地生态研究的人工智能模型调试、自动参数调整、智能模型开发、动态跟踪模拟和模型优化提供重要基础数据。

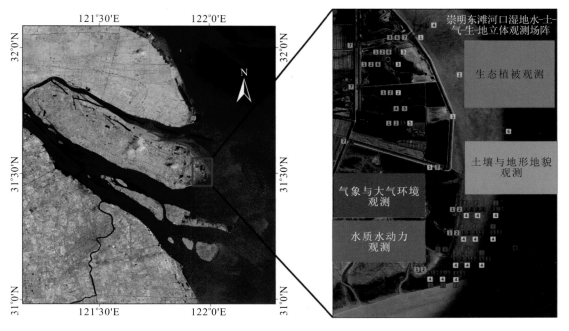

图 1-10　崇明东滩生态物联观测系统

选取崇明东滩生态物联观测系统水文水质自 2018 年 8 月 14 日至 2018 年 10 月 12 日的观测数据，包括水温、pH、氧化还原电位、电导率、浊度、叶绿素、蓝绿藻、氨氮、光学溶解氧 9 个生态要素，数据频率为 15 分钟约 5 万余条。

1. 异常数据分类

滨海湿地水质观测由于异常数据种类多样、产生原因复杂，仅用一种方法难以有效检测。因此将异常数据分为数值异常、波动异常以及异常事件三类。其中数值异常与波动异常是传感器故障导致，属于传感器异常，异常事件是观测区环境变化导致，属于环境异常。

数值异常：观测数值超出传感器规格或没有生态、物理意义。例如：图 1-11a 所示，氨氮数据持续上升，且数值远超国家地表水水质 V 类水标准，与常理不符。

波动异常：观测数值的变化不符合时间规律，也不与其他观测要素变化有关。例如：图 1-11b 所示，8 月 29 日蓝绿藻出现明显离群值，而对应时间段内叶绿素、溶解氧没有相应变化。

异常事件：观测数值的变化不符合时间规律，但其他观测要素同时发生类似变化。例如：图 1-11c 所示，9 月 19 日叶绿素、蓝绿藻和溶解氧同时出现离群值，是环境变化导致的观测数值变化。

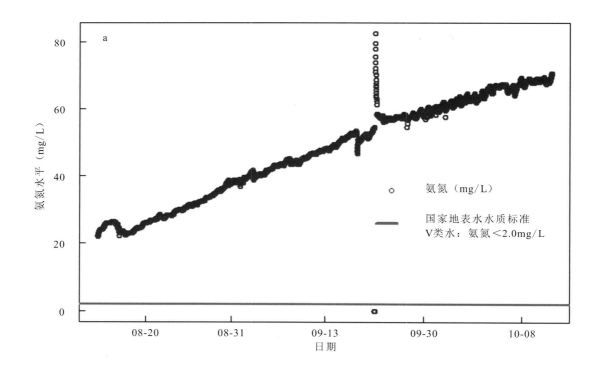

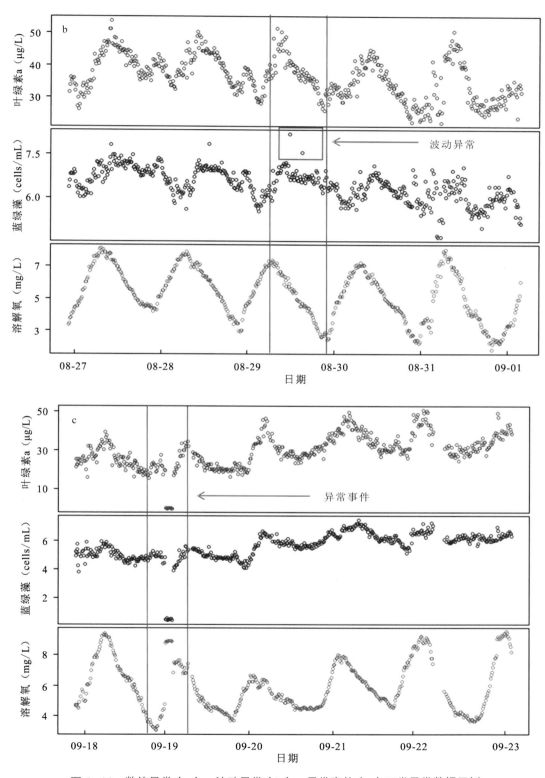

图 1-11　数值异常（a）、波动异常（b）、异常事件（c）三类异常数据示例

2. 基于残差概率分布的异常数据检测

Z 分数（z-score）是基于统计学的最常用的异常数据检测方法之一，由观察点实际值与样本平均值之差的绝对值除以样本标准差得到，在统计学中代表观察点距离样本平均值标准差的倍数，异常数据的 Z 分数会明显高于设定阈值，从而被检测出来。虽然使用滑动窗口的 Z 分数法可以有效检测由局部波动导致的异常数据（Feng 等，2004），但其使用前提要求样本符合正态分布，而生态观测数据往往不符合该规律，因此该方法具有一定的局限性。

残差是样本观察点实际值与估计值的差。残差越大，实际值与估计值的距离越远，该点异常概率越大。观察点的估计值可通过线性、非线性回归模型得到，通常可以归纳为真实回归函数与模型残差之和（Baty 等，2015）。模型残差一般符合均值为 0，方差为 σ^2 的正态分布。如果不符则无法评判模型预测结果准确度，意味着结果不可控，因此可以将残差使用 Z 分数法标准化检测样本异常数据。标准化残差也是残差值与残差平均值之差的绝对值除以残差的标准差：

$$Z(i) = \frac{|R(i) - R\mu|}{\sigma(i)} \qquad 公式 1-10$$

式中，$Z(i)$ 为残差的标准化 Z 分数；$R(i)$ 为第 i 点的残差；$R\mu$ 为残差平均值，通常为 0；$\sigma(i)$ 为残差标准差。

根据需要适当改进该公式：①使用绝对中位差（median absolute deviation，MAD）方法计算标准差 $\sigma(i)$。MAD 法是一种统计离差的测量，是鲁棒统计量，比标准差更能适应数据集中的异常值检测（Dunn 等，2012）。②异常数据中较为极端的数值会对回归模型及标准差计算产生较大影响，为了消除该影响使用标准化删除残差，即删除了第 i 次观察值后使用所剩的 $n-1$ 个数据进行回归拟合后用 MAD 法计算的标准差。

通过公式 1-10 得到标准化残差 $Z(i)$，其在正态分布中发生的概率 $P(i)$ 代表该数值符合样本总体均值的概率，当 $P(i)$ 低于设定阈值时，认为该点为异常数据。根据正态分布概率密度函数可知，$P(i)$ 的计算公式如下（公式 1-11）：

$$P(i) = \frac{1}{\sqrt{2\pi}} e^{-\frac{1}{2}Z(i)^2} \qquad 公式 1-11$$

利用回归残差符合正态分布的规律，使用统计学方法量化每个观测点的异常程度，是本研究的异常数据检测思路。

3. 检测算法应用

（1）数值异常

生态物联网观测获取的数据具有特定物理、生态意义和属性。在异常数据检测时，首先应判断观测数据是否合理，如是否符合观测区域物理、生态指标上的代表性意义，数值是否在传感器的规格范围内等。若属于数值异常，即使通过了其他异常数据检测，数据也不可使用。

　　该滨海湿地物联网观测区域位于上海市崇明东滩国际重要湿地内，在确定各指标数值范围时应综合历史观测数据、相关研究文献和传感器规格参数等因素。其中，历史观测数据包括崇明岛周缘水文站、长江口航次实测等水文水质数据；相关文献不仅包括环保部《地表水环境质量标准（GB 3838-2002）》《海水水质标准（GB 3097-1997）》等标准文件，也参考了长江口区域的研究文献（翟世奎等，2005；李修竹等，2019；王佳鹏等，2017；谢明媚等，2016）；传感器规格参数则参考该物联网观测站传感器供应商提供的技术规格。表1-13各观测指标数值范围为最终确定的观测区域各指标的数值范围。本研究认为该滨海湿地物联网观测系统获取的数值不应超过该表范围，否则是"数值异常"，应删除。

表 1-13　各观测指标数值范围

观测指标	水温 /℃	pH	氧化还原电位 /mV	电导率/（uS·cm⁻¹）	浊度/（NTU）	叶绿素/（μg·L⁻¹）	蓝绿藻/（cells/mL）	氨氮/（mg·L⁻¹）	光学溶解氧/（mg·L⁻¹）
数据范围	-5—50	6—9	0—999	0—100000	0—1000	0—150	0—150	0—10	0—20

注：以浊度观测为例，浏览数据（图1-12）可以看出2018年9月18日出现3000NTU左右的浊度观测值，远远超出数据合理范围，为数值异常予以删除。

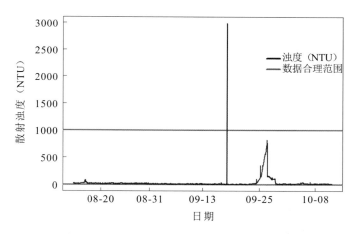

图 1-12　浊度观测数据（2018年8月14日至2018年10月12日）

（2）波动异常

　　波动异常是最常见、比例最高的传感器异常数据。滨海湿地生态物联网由于观测技术限制、环境条件恶劣，传感器难免出现故障而引起数据异常。通常认为观测数据的变化与其时间周期密切相关，且生态系统是个有机整体，指标变化时其相关指标也会相应变化。所以波动异常数据的检测应综合考虑时间周期和多指标的对应变化关系。

　　1）时间序列检测模型。时间序列异常数据通常表现出较大的离群性，与周围数据差异明显。针对滨海湿地生态物联观测数据具有多层、复杂的时间周期变化特点，使用滑动窗口线性或非线性回归方法获得观察点的估计值，然后计算观察点标准化删除残差 Z_t 与其概率密度 P_t。

2）多指标回归模型。传统结合多指标的异常数据检测方法仅考虑了各指标间的相关性，忽略了它们之间具体相关关系。但是多数情况下各指标间不仅是简单的线性关系，仅用相关性系数不能很好表达，本研究通过以下步骤建立多指标回归模型：①对所有观测指标进行相关性分析，提取出研究指标相关因子；②讨论研究指标与相关因子间的趋势关系；③根据上述信息建立对应线性或非线性多元回归模型，获得观察点估计值，然后计算观察点标准化删除残差 Z_f 与其概率密度 P_f。

3）多指标时间序列检测模型。Wu 等（2018）针对空气污染物利用二元正态分布规律将时间模型与空间模型的异常数据检测相结合。假设时间序列模型残差与多指标回归模型残差符合二元正态分布，综合两模型结果构建多指标时间序列检测模型，获得综合标准化删除残差的概率 $P(i)$（公式 1-12）。$P(i)$ 低于设定阈值时为波动异常数据。

$$P(i) = \frac{1}{2\pi\sqrt{1-\rho(i)^2}} e^{\left(-\frac{1}{2(1-\rho(i)^2)}[Z_t(i)^2 + Z_f(i)^2 - 2Z_t(i)Z_f(i)]\right)} \qquad 公式 1-12$$

式中，$\rho(i)$ 为时间模型标准化删除残差 $Z_t(i)$ 与多指标模型标准化删除残差 $Z_f(i)$ 的相关性系数，此处采用滑动窗口内的皮尔逊相关性系数，计算公式为：

$$\rho(i) = \frac{\sum_{j=-n}^{n}[Z_t(i+j) - \overline{Z_t}][Z_f(i+j) - \overline{Z_f}]}{\sqrt{\sum_{j=-n}^{n}[Z_t(i+j) - \overline{Z_t}]^2 \sum_{j=-n}^{n}[Z_f(i+j) - \overline{Z_f}]^2}} \qquad 公式 1-13$$

式中，$\overline{Z_t}$ 和 $\overline{Z_f}$ 代表 Z_t 和 Z_f 的平均值，j^{-n} 和 j^{+n} 分别为滑动窗口的起始值和结束值。

以叶绿素观测数据为例，首先构建时间序列检测模型。正态分布检验通常小样本的结果以 Shapiro-Wilk 检验（W 检验）为准，大样本的结果以 Kolmogorov-Smirnov 检验（D 检验）为准。经过多次检验，使用线性回归且窗口直径为每天（每 15 分钟一组数据，共 96 组）时，回归模型残差的正态性表现最好。一天也正好是很多环境因子变化的最小周期。

构建多指标回归模型时，使用皮尔逊相关性法分别计算每个观测指标间的相关性系数，找出与叶绿素相关性较大的指标。如图 1-13 所示，各观测指标间相关性系数取值从 -1 到 1，绝对值越接近 1（圆越大）相关性越强，越接近 0（圆越小）相关性越弱。从图 1-13 可以看出，叶绿素与水温、蓝绿藻、氨氮、溶解氧具有较强的相关性，相关性系数分别为 0.44，0.81，-0.44，0.40。由表 1-14 生态物联网异常数据情况可知，氨氮超过 98% 的数据出现了数值异常，不可作为参照依据，因此选择水温、蓝绿藻和溶解氧 3 个指标构建叶绿素的多指标回归模型。

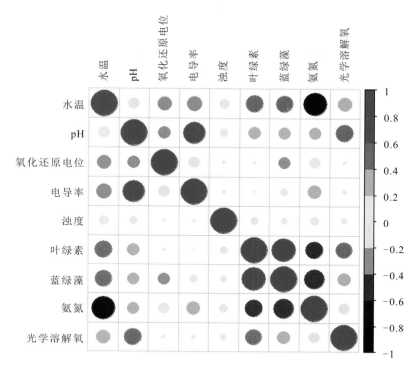

图 1-13　观测指标相关性分析［负数（蓝色）代表负相关，正数（红色）代表正相关］。

由图 1-14 可以看出，叶绿素与水温、蓝绿藻均呈线性正相关关系，蓝绿藻随叶绿素变化更为明显。溶解氧在 x 轴、y 轴均值点之前随叶绿素变化不明显，在均值点后出现明显线性正相关变化，这与崔莉凤等（2008）的研究结果表现一致。他们指出水中叶绿素成分较少时，溶解氧的变化受水温、溶解离子、微生物等多方面综合影响，而当叶绿素达到一定浓度后，藻类增多，生物过程变为了溶解氧变化的主导因子。因此在建立叶绿素多指标回归模型时，应采用分段函数。当叶绿素浓度小于 30mg/L 时不考虑溶解氧对回归模型的影响。

通过公式 1-10、1-11 分别计算时间序列模型与多指标回归模型观察点的标准化删除残差 Z_t 与 Z_f，使用公式 1-12、1-13 获得多指标时间序列检测模型的残差概率。经过多次检验设置阈值为 10^{-8}，当残差概率小于该阈值时被标记为波动异常数据并删除。

（3）异常事件

滨海湿地环境受潮汐、气候等自然要素，以及人类活动影响强烈。部分异常数据不是传感器故障导致，而是出现异常事件（如人类在观测平台附近倾倒生活垃圾），导致观测区生态环境发生短时变化。

本研究判断数据为异常事件的标准是，该数据在时间序列上发生不符合规律的变化，但其他因子在同时间段内均发生相应变化。因此，使用上文所述的时间序列模型与多指标时间序列综合模型先后进行异常数据判断，预设窗口内一半以上观测数据在时间序列模型中表现异常，而在多指标时间序列综合模型没有表现异常时标记该窗口内数据为异常事件。

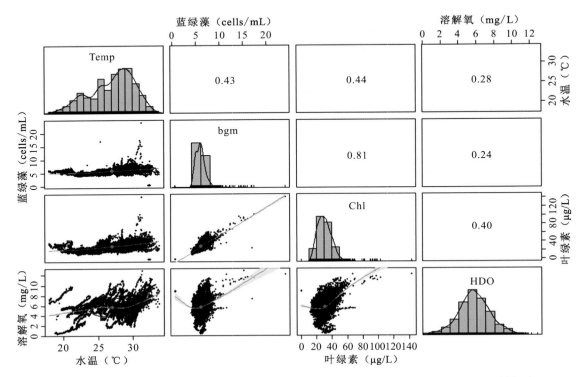

图1—14　叶绿素与水温、蓝绿藻、溶解氧间的关系［图中对角线上方为各指标间相关系数矩阵；对角线上的直方图描绘了每个指标数值的分布；对角线下方为各指标间的散点图，其中红点为 x 与 y 轴变量的均值，红色曲线描绘 x 轴与 y 轴之间的一般关系（采用局部回归平滑方法）］

4. 多指标时间序列模型评价

由于滨海湿地观测数据的特殊性和复杂性，很难计算异常数据检测方法的绝对精度，通常以通用方法为基准进行比较。使用本研究多指标时间序列检测模型与异常数据检测中最常用的滑动窗口法（即时间序列检测模型）检测叶绿素观测数据，分别得出60个和79个波动异常数据，结果出现差异且集中在8月16日和9月19日。图1—15展示了两种方法在8月16日的结果比较，红色圆点为滑动窗口法结果，黑框为多指标时间序列模型结果，使用Z分数法标准化各指标以消除量纲影响，方便展示。2018年8月16日12：00至16：00叶绿素、蓝绿藻和溶解氧均快速升高，其原因是环境变化导致了异常事件的发生。滑动窗口法把这段时间的数据均误认为波动异常数据，而多指标时间序列模型正确地判断出其不是波动异常，虽然仍有存在一点误判，但整体结果较为理想。同样，滑动窗口法也将 9 月 19 日异常事件区间内的数据误判为波动异常，导致波动异常结果偏多，误差偏大。

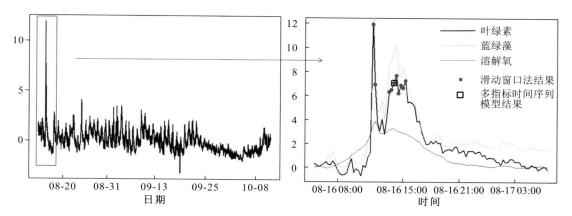

图 1-15　滑动窗口法与多指标模型波动异常检测结果比较

相比滑动窗口法，多指标时间序列模型在保证波动异常检测准确度的同时，可以更好地区分环境异常与传感器异常，减少对正常值的误判和对环境变化的忽略，具有较好的异常数据检测性能。

（三）水质数据预处理结果与异常原因分析

使用本研究构建的滨海湿地生态物联观测数据预处理方法，分别检测水温、pH、氧化还原电位、电导率等观测指标异常数据。每项指标检测完后删除传感器异常数据，之后参与其他指标的预处理过程，以减少传感器异常对回归模型的影响。值得注意的是，水温与浊度因其变化机理不同，仅采用单指标时间序列检测方法。氨氮因为在检测中发现 98% 以上的数值异常，验证表明是传感器电极帽损坏故障导致，不进行其他异常检测，也不参与其他观测指标的数据预处理过程。

从电导率和蓝绿藻观测数据预处理前后对比可以看出，两指标时间序列上的离群值被剔除，但因异常事件导致的离群值得到保留（图 1-16）。

分析水质数据预处理结果，各异常数据类型统计如表 1-14 生态物联网异常数据情况所示。由表 1-14 可以看出，水温、浊度、蓝绿藻、叶绿素的传感器异常比例较少，而氧化还原电位、电导率、溶解氧的传感器异常明显较多。研究各指标传感器观测原理，氧化还原点位、电导率、pH、溶解氧与氨氮采用电极法测量，其他指标采用热敏、散射、荧光等方法测量。由于仪器电解质溶液的不稳定性、水体离子变化等多种因素影响，造成电极法测量的不稳定，其观测指标容易出现较多的传感器异常；而其他测量方法则相对较为稳定。

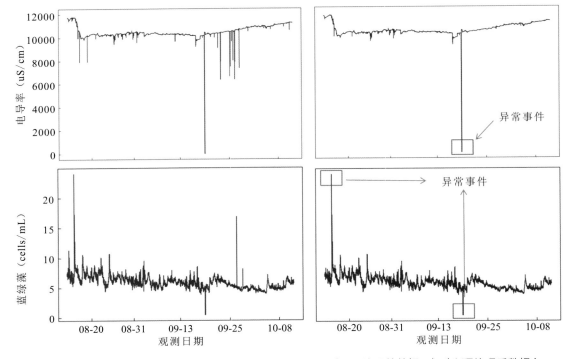

图1-16 电导率和蓝绿藻观测数据预处理前后对比（左列为预处理前数据，右列为预处理后数据）

表1-14 生态物联网异常数据情况统计

观测指标	观测数据总量	传感器异常数量	传感器异常比例	数值异常比例	波动异常比例
水温	6266 ℃	11	0.18%	0%	0.18%
pH	6266	36	0.57%	0%	0.57%
氧化还原电位	6266 mv	112	1.79%	0%	1.79%
电导率	6266 uS/cm	509	8.12%	0%	8.12%
浊度	6266 NTU	15	0.24%	0.02%	0.22%
叶绿素	6266 μg/L	60	0.96%	0%	0.96%
蓝绿藻	6266 cells/mL	20	0.32%	0%	0.32%
氨氮	6266 mg/L	–	–	99.86%	–
溶解氧	6266 mg/L	207	3.30%	0%	3.30%

　　图1-17展示了各观测指标不同月份的传感器异常数据比例，纵向分析每个指标，可以看出水温、pH、氧化还原电位、电导率的传感器异常比例从8月到10月不断减少。分析水温对传感器观测的稳定性有一定影响：温度越高，传感器越容易出现读数异常。随着8月到

10 月气温的不断下降，观测区域水温也在下降，传感器异常数据减少。与其他不同，叶绿素在 10 月出现较高比例，分析发现其 10 月份的一段时间发生了连续读数异常，产生较多的传感器异常数据导致比例偏高。溶解氧的比例从 8 月到 10 月不断增加，主要因为其异常数据集中在了传感器维护期间。

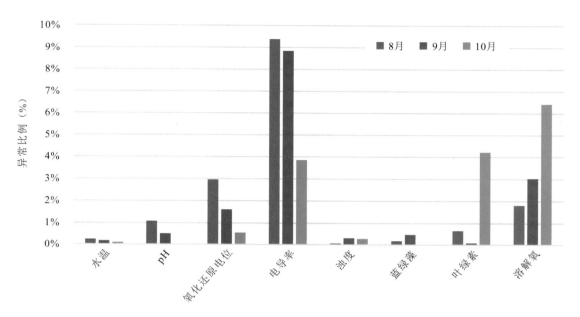

图 1-17　各观测指标不同月份传感器异常比例

通过预处理方法还提取出 2 个异常事件，分别为 8 月 16 日 11:45 至 15:15 发生叶绿素、蓝绿藻、溶解氧、pH 指标数值突然大幅上升，持续一小段时间回归正常；9 月 19 日 10:15 至 12:15 观测平台大部分指标数值同时发生异常变化。经查证，8 月 16 日是观测平台发生移动，9 月 19 日是运维人员维护仪器设备，均是传感器观测环境发生改变而导致数据异常。

参考文献

国家环境保护局 . 1998. 海水水质标准 : GB 3097-1997[S]. 北京 : 中国标准出版社 .

国家环境保护总局，国家质量监督检验检疫总局 . 2002. 地表水环境质量标 :GB 3838-2002[S]. 北京 : 中国标准出版社 .

崔莉凤，黄振芳，刘载文，等 . 2008. 水华暴发叶绿素 -α 与表征指标溶解氧和 pH 的关系 [J]. 给水排水，44（S1）：177-178.

李修竹，苏荣国，张传松，等 . 2019. 基于支持向量机的长江口及其邻近海域叶绿素 α 浓度预测模型 [J]. 中国海洋大学学报（自然科学版），49（1）：69-76.

宋庆丰，牛香，王兵，等 . 2015. 基于大数据的森林生态系统服务功能评估进展 [J]. 生态学杂志，34（10）：2914–2921.

王佳鹏，施润和，张超，等 . 2017. 基于光谱分析的长江口湿地互花米草叶片叶绿素含量反演研究 [J]. 遥感技术与应用，32（6）：1056–1063.

魏媛，冯天恒，黄平捷，等 . 2016. 管网水质多指标动态关联异常检测方法 [J]. 浙江大学学报（工学版），50（7）：1402–1409.

谢明媚，孙德勇，丘仲锋，等 . 2016. 长江口水质 MERIS 卫星数据遥感反演研究 [J]. 广西科学，23（6）：520–527.

翟世奎，张怀静，范德江，等 . 2005. 长江口及其邻近海域悬浮物浓度和浊度的对应关系 [J]. 环境科学学报，25（5）：693–699.

ADAMO M，TARANTINO C，TOMASELLI V，et al. 2016. Habitat mapping of coastal wetlands using expert knowledge and earth observation data[J]. Journal of applied ecology，53，1521–1532. DOI: 10.1111/1365-2664.12695.

AIELLO LAMMENS M E，CHU AGOR M L，CONVERTINO M，et al. 2011. The impact of sea-level rise on Snowy Plovers in Florida: integrating geomorphological，habitat，and metapopulation models[J]. Global change biology，17（12）：3644–3654.

AKIN A，BERBEROGLU S，ERDOGAN M A，et al. 2012. Modelling land-use change dynamics in a mediterranean coastal wetland using CA-Markov chain analysis[J]. Fresenius environmental bulletin，21（2 A）：386–396.

ANISFELD S C，HILL T D. 2012. Fertilization effects on elevation change and belowground carbon balance in a Long Island Sound tidal marsh[J]. Estuaries and coasts，35（1）：201–211.

AVEN T. 2016. Risk assessment and risk management: review of recent advances on their foundation[J]. European journal of operational research，253（1）：1–13.

BABIN S M，BURKOM H S，MNATSAKANYAN Z R，et al. 2008. Drinking water security and public health disease outbreak surveillance[J]. Johns Hopkins Apl technical digest，27（4）：403–411.

BAIRLEIN F. 2016. Migratory birds under threat[J]. Science，354，547–548. DOI: 10.1126/science.aah6215.

BARBIER E B，HACKER S D，KENNEDY C，et al. 2011. The value of estuarine and coastal ecosystem services[J]. Ecological monographs，81（2）：169–193.

BAR MASSADA A，WOOD E M. 2014. The richness-heterogeneity relationship differs between heterogeneity measures within and among habitats[J]. Ecography，37: 528–535. DOI: 10.1111/j.1600-0587.2013.00590.x.

BATY F，RITZ C，CHARLES S，et al. 2015. A toolbox for nonlinear regression in R: the package nlstools[J]. Journal of statistical software，66（5）：1–21.

BELLIO M，KINGSFORD R T. 2013. Alteration of wetland hydrology in coastal lagoons: implications for shorebird conservation and wetland restoration at a Ramsar site in Sri Lanka[J]. Biological conservation，167: 57–68. DOI: 10.1016/j.biocon.2013.07.013.

BERLANGA–ROBLES CA, RUIZ–LUNA A, BOCCO G, et al. 2011. Spatial analysis of the impact of shrimp culture on the coastal wetlands on the Northern coast of Sinaloa, Mexico[J]. Ocean & coastal management, 54 (7): 535–543. DOI: 10.1016/j.ocecoaman.2011.04.004.

BI L, YANG S, ZHAO Y, et al. 2017. Provenance study of the Holocene sediments in the Changjiang (Yangtze River) estuary and inner shelf of the East China Sea[J]. Quaternary international, 441: 147–161. DOI: 10.1016/j.quaint.2016.12.004.

BILLOR N, HADI A S, VELLEMAN P F. 2000. BACON: blocked adaptive computationally efficient outlier nominators[J]. Computational statistics & data analysis, 34 (3): 279–298.

BREUNIG M M, KRIEGEL H P, NG R T, et al. 2000. LOF: identifying density–based local outliers[C]//ACM sigmod record. ACM, 29 (2): 93–104.

BROOKS R P, WARDROP D H, COLE C A, et al. 2006. Inventorying and monitoring wetland condition and restoration potential on a watershed basis with examples from Spring Creek Watershed, Pennsylvania, USA[J]. Environmental management, 38 (4): 673–687.

BYER D, CARLSON K H. 2005. Real–time detection of intentional chemical contamination in the distribution system[J]. Journal American water works association, 97 (7): 130–133.

CAI Y, ZHOU Y, TIAN B. 2014. Shanghai Wetland[M]. 2nd ed. Shanghai: Shanghai Scientific & Technical Press.

CHEN S, CHEN L, LIU Q, et al. 2005. Remote sensing and GIS–based integrated analysis of coastal changes and their environmental impacts in Lingding Bay, Pearl River Estuary, South China[J]. Ocean coastal manage, 48: 65–83.

CHEN J, CHEN J, LIAO A, et al. 2014. Global land cover mapping at 30 m resolution: a POK–based operational approach[J]. ISPRS Journal of Photogrammetry and Remote Sensing, 103: 7–27. DOI: 10.1016/j.isprsjprs.2014.09.002.

CHEN S P, ZENG S, XIE C G, et al. 2000. Remote sensing and GIS for urban growth analysis in China[J]. Photogrammetric engineering and remote sensing, 66 (5): 593–598.

CHEN X, ZONG Y. 1998. Coastal erosion along the Changjiang Deltaic shoreline, China: history and prospective[J]. Estuarine, coastal and shelf science, 46 (5): 733–742.

CHEN X, ZONG Y, ZHANG E, et al. 2001. Human impacts on the Changjiang (Yangtze) River basin, China, with special reference to the impacts on the dry season water discharges into the sea[J]. Geomorphology, 41 (2): 111–123.

CHERRY J A, RAMSEUR G S, SPARKS E, et al. 2015. Testing sea–level rise impacts in tidal wetlands: a novel in situ approach[J]. Methods in ecology and evolution, 6 (12): 1443–1451.

CLAUSEN K K, KRAUSE–JENSEN D, OLESEN B, et al. 2014. Seasonality of eelgrass biomass across gradients in temperature and latitude[J]. Marine ecology progress series, 506: 71–85. DOI: 10.3354/meps10800.

CLOUGH J S, PARK R A, FULLER R, et al. 2010. SLAMM 6 beta technical documentation[EB]. http://warrenpinnacle.com/prof/SLAMM6/SLAMM6_Technical_Documentation.pdf

CMS Secretariat. 2003. Convention on the Conservation of Migratory Species of Wild Animals[EB/OL]. http://www. cms.int/en/convention-text.

CONDET M, DULAU DROUOT V. 2016. Habitat selection of two island-associated dolphin species from the south- west Indian Ocean[J]. Continental shelf research, 125: 18 - 27. DOI: 10.1016/j.csr.2016.06.010.

COSTANZA R, D'ARGE R, DE GROOT R, et al. 1997. The value of the world's ecosystem services and natural capital[J]. Nature, 387(6630): 253.

CRAFT C, CLOUGH J, EHMAN J, et al. 2009. Forecasting the effects of accelerated sea-level rise on tidal marsh ecosystem services[J]. Frontiers in ecology and the environment, 7(2): 73–78.

DAI Z, LIU J T, WEI W, et al. 2014. Detection of the three gorges dam influence on the Changjiang(Yangtze River)submerged delta[J]. Scientific reports, 4(1): 1–7.

D'ALPAOS A, LANZONI S, MARANI M, et al. 2007. Landscape evolution in tidal embayments: Modeling the interplay of erosion, sedimentation, and vegetation dynamics[J]. Journal of geophysical research: earth surface, 112(1).

DAY J, IBANEZ C, SCARTON F, et al. 2011. Sustainability of Mediterranean deltaic and lagoon wetlands with sea-level rise: the importance of river input[J]. Estuaries and coasts, 34(3): 483–493.

DEEGAN L A, JOHNSON D S, WARREN R S, et al. 2012. Coastal eutrophication as a driver of salt marsh loss[J]. Nature, 490(7420): 388–392.

DEL RIO L, GRACIA F J. 2009. Erosion risk assessment of active coastal cliffs in temperate environments[J]. Geomorphology, 112(1–2): 82 - 95.

DELBARI SA, NG SI, AZIZ YA, et al. 2016. An investigation of key competitiveness indicators and drivers of full- service airlines using Delphi and AHP techniques[J]. Journal of air transport management, 52: 23 - 34.

DONG Z, WANG Z, LIU D, et al. 2013. Assessment of habitat suitability for waterbirds in the West Songnen Plain, China, using remote sensing and GIS[J]. Ecological engineering, 55, 94 - 100. DOI: 10.1016/ j.ecoleng.2013.02.006.

DONNELLY J P, BERTNESS M D. 2001. Rapid shoreward encroachment of salt marsh cordgrass in response to accelerated sea-level rise[J]. Proceedings of the national academy of sciences of the United States of America, 98(25): 14218–14223.

DRURY S A. 1993. Image interpretation in geology[M]. 2nd ed. London: Chapman & Hall. DOI: 10.1080/10106048709354098.

DUNN R J H, WILLETT K M, THORNE P W, et al. 2012. HadISD: a quality-controlled global synoptic report database for selected variables at long-term stations from 1973-2011[J]. Climate of the past, 8(5): 1649–1679.

ERICSON J, VOROSMARTY C, DINGMAN S, et al. 2006. Effective sea-level rise and deltas: causes of change and human dimension implications[J]. Global and planetary change, 50(1–2): 63–82.

FAGHERAZZI S, KIRWAN M L, MUDD S M, et al. 2012. Numerical models of salt marsh evolution: ecological, geomorphic, and climatic factors[J]. Reviews of geophysics, 50 (1) .

FAN D, GUO Y, WANG P, et al. 2006. Cross-shore variations in morpho dynamic processes of an open-coast mudflat in the Changjiang Delta, China: with an emphasis on storm impacts[J]. Continental shelf research, 26, 517-538. DOI: 10.1016/j.csr.2005.12.011.

FENG S, HU Q, QIAN W. 2004. Quality control of daily meteorological data in China, 1951 - 2000: a new dataset[J]. International journal of climatology, 24 (7) : 853-870.

FIEBRICH C A, MORGAN C R, MCCOMBS A G, et al. 2010. Quality assurance procedures for mesoscale meteorological data[J]. Journal of atmospheric and oceanic technology, 27 (10) : 1565-1582.

FINDLAY S, FISCHER D. 2013. Ecosystem attributes related to tidal wetland effects on water quality[J]. Ecology, 94 (1) : 117-125.

FOUDI S, OSES ERASO N, TAMAYO I. 2015. Integrated spatial flood risk assessment: the case of Zaragoza[J]. Land use policy, 42: 278-292.

FULFORD R S, PETERSON M S, WU W, et al. 2014. An ecological model of the habitat mosaic in estuarine nursery areas: Part II-Projecting effects of sea level rise on fish production[J]. Ecological modelling, 273: 96-108.

GAO B C. 1996. NDWI - A normalized difference water index for remote sensing of vegetation liquid water from space[J]. Remote sensing of environment, 58: 257-266. DOI: 10.1016/S0034-4257 (96) 00067-3.

GE Z, GUO H, ZHAO B, et al. 2015. Plant invasion impacts on the gross and net primary production of the salt marsh on eastern coast of China: insights from leaf to ecosystem[J]. Journal of geophysical research: biogeosciences, 120 (1) :169-186.

GREEN A J, ELMBERG J. 2014. Ecosystem services provided by waterbirds[J]. Biological reviews, 89: 105-122. DOI: 10.1111/brv.12045.

GRINSTED A, MOORE J C, JEVREJEVA S. 2010. Reconstructing sea level from paleo and projected temperatures 200 to 2100 AD[J]. Climate dynamics, 34 (4) : 461-472.

GUNARSSON T G, GILL J A, ATKINSON P W, et al. 2006. Population-scale drivers of individual arrival times in migratory birds[J]. Journal of animal ecology, 75: 1119-1127. DOI: 10.1111/j.1365-2656.2006.01131.x.

HANSEN M C, LOVELAND T R. 2012. A review of large area monitoring of land cover change using Landsat data[J]. Remote sensing of environment, 122: 66-74. DOI: 10.1016/j.rse.2011.08.024.

HOCHENBAUM J, VALLIS O S, KEJARIWAL A. 2017. Automatic anomaly detection in the cloud via statistical learning[J]. arXiv preprint arXiv, 1704.07706.

HUANG Y, SUN W, ZHANG W, et al. 2010. Marshland conversion to cropland in northeast China from 1950 to 2000 reduced the greenhouse effect[J]. Global change biology, 16 (2) : 680-695.

HUANG Y, ZHANG T, WU W, et al. 2017. Rapid risk assessment of wetland degradation and loss in low-lying coastal zone of Shanghai, China[J]. Human and ecological risk assessment: an international journal, 23: 82-97. DOI: 10.1080/10807039.2016.1223536.

HUERTA RAMOS G, MORENO CASASOLA P, SOSA V. 2015. Wetland conservation in the Gulf of Mexico: The example of the salt marsh morning glory, Ipomoea sagittate[J]. Wetlands, 35（4）:709-721.

Intergovernmental Panel on Climate Change（ED）. 2014. Climate Change 2013 – The Physical Science Basis[M]. Cambridge: Cambridge University Press. DOI: 10.1017/CBO9781107415324.

IPCC（Intergovernmental Panel on Climate Change）. 2007. Climate change 2007: Synthesis report[R].

IPCC（Intergovernmental Panel on Climate Change）. 2013. Climate change 2013: the physical science basis: Working Group I contribution to the Fifth assessment report of the Intergovernmental Panel on Climate Change[M]. Cambridge: Cambridge University Press, 1535.

IUCN Standards and Petitions Subcommittee. 2017. Guidelines for Using the IUCN Red List Categories and Criteria. Version 13[EB]. http://www.iucnredlist.org/documents/RedListGuidelines.pdf.

IWAMURA T, FULLER R A, POSSINGHAM H P. 2014. Optimal management of a multispecies shorebird flyway under sea-level rise[J]. Conservation biology, 28: 1710 – 1720. DOI: 10.1111/cobi.12319.

JENSEN J R. 1996. Introductory Digital Image Processing[M]. Upper Saddle River, NJ: Prentice Hall.

JIANG C, LI J, DE SWART H E. 2012. Effects of navigational works on morphological changes in the bar area of the Yangtze Estuary[J]. Geomorphology, 139: 205 – 219. DOI: 10.1016/j.geomorph.2011.10.020.

JIANG P, CHENG L, LI M, et al. 2015. Impacts of LUCC on soil properties in the riparian zones of desert oasis with remote sensing data: a case study of the middle Heihe River basin, China[J]. Science of the total environment, 506: 259-271.

KIRWAN M L, GUNTENSPERGEN G R. 2012. Feedbacks between inundation, root production, and shoot growth in a rapidly submerging brackish marsh[J]. Journal of ecology, 100（3）:764-770.

KIRWAN M L, MEGONIGAL J P. 2013. Tidal wetland stability in the face of human impacts and sea level rise[J]. Nature, 504:53-60.

KIRWAN M L, MURRAY A B. 2007. A coupled geomorphic and ecological model of tidal marsh evolution[J]. Proceedings of the national academy of sciences of the United States of America, 104（15）: 6118-6122.

KIRWAN M L, GUNTENSPERGEN G R, D'ALPAOS A, et al. 2010. Limits on the adaptability of coastal marshes to rising sea level[J]. Geophysical research letters, 37（23）.

KLAASSEN M, BAUER S, MADSEN J, et al. 2008. Optimal management of a goose flyway: migrant management at minimum cost[J]. Journal of applied ecology, 45: 1446 – 1452. DOI: 10.1111/j.1365-2664.2008.01532.x.

KLEIJN D, CHERKAOUI I, GOEDHART P W, et al. 2014. Waterbirds increase more rapidly in Ramsar-designated wetlands than in unprotected wetlands[J]. Journal of applied ecology, 51: 289-298. DOI: 10.1111/1365-2664.12193.

KLEMAS V. 2013. Remote sensing of coastal wetland biomass: an overview[J]. Journal of coastal research, 29（5）: 1016-1028.

KLEMAS V. 2013. Remote sensing of emergent and submerged wetlands: an overview[J]. International journal of remote sensing, 34（18）: 6286-6320.

LANGLEY J A, MEGONIGAL J P. 2010. Ecosystem response to elevated CO_2 levels limited by nitrogen-induced plant species shift[J]. Nature, 466(7302): 96-99.

LI X, ZHOU Y, KUANG R. 2010. Analysis and trend prediction of shoreline evolution in Chongming Dongtan, Shanghai[J]. Journal of Jilin University (earth science edition), 40(2):417-424.

LI X, ZHOU Y, KUANG R, et al. 2009. Function zoning of accreting nature reserve of large estuary district: a case study in the Shanghai Chongming Dongtan National Nature Reserve[J]. Acta Scientiarum Naturalium Universitatis Sunyatseni, 48(2):106-112.

LI H, YANG S L. 2009. Trapping effect of tidal marsh vegetation on suspended sediment, Yangtze Delta[J]. Journal of coastal research, 25(4): 915-936.

LIU H, HE Q, WANG Z, et al. 2010. Dynamics and spatial variability of near-bottom sediment exchange in the Yangtze Estuary, China[J]. Estuarine, coastal and shelf science, 86(3): 322-330.

LIU Y, WANG L, LONG H. 2008. Spatio-temporal analysis of land-use conversion in the eastern coastal China during 1996-2005[J]. Journal of geographical sciences, 18(3): 274-282.

LOTZE H K, LENIHAN H S, BOURQUE B J, et al. 2006. Depletion degradation, and recovery potential of estuaries and coastal seas[J]. Science, 312(5781): 1806-1809.

LOVELOCK C E, CAHOON D R, FRIESS D A, et al. 2015. The vulnerability of Indo-Pacific mangrove forests to sea-level rise[J]. Nature, 526: 559–563. DOI: 10.1038/nature15538.

LOZON J D, MACISAAC H J. 1997. Biological invasions: are they dependent on disturbance[J]. Environmental reviews, 5(2):131-144.

LU J, ZHANG Y. 2013. Spatial distribution of an invasive plant Spartina alterniflora and its potential as biofuels in China[J]. Ecological engineering, 52:175-181.

MA Z, MELVILLE DS, LIU J, et al. 2014. Rethinking China's new great wall[J]. Science, 346(6212): 912-914.

MACK R N, SIMBERLOFF D, MARK LONSDALE W, et al. 2000. Biotic invasions: causes, epidemiology, global consequences, and control [J]. Ecological applications, 10(3):689-710.

MAGEE T K, ERNST T L, KENTULA M E, et al. 1999. Floristic comparison of freshwater wetlands in an urbanizing environment[J]. Wetlands, 19:517–534.

MAGEE T K, RINGOLD P L, BOLLMAN M A. 2008. Alien species importance in native vegetation along wadeable streams, John Day River basin, Oregon, USA[J]. Plant ecology, 195(2):287-307.

MARTIN T G, CHADÈS I, ARCESE P, et al. 2007. Optimal conservation of migratory species[J]. PloS one, 2(8): e751. DOI: 10.1371/journal.pone.0000751.

MCDERMID G J, FRANKLIN S E, LEDREW E F. 2005. Remote sensing for large-area habitat mapping[J]. Progress in physical geography, 29: 449-474. DOI: 10.1191/0309133305pp455ra.

MCGARIGAL K, MARKS B J. 1995. FRAGSTATS: Spatial pattern analysis program for quantifying landscape structure[M]. US Department of Agriculture, Forest Service, Pacific Northwest Research Station.

MCLEOD J. 2011. Qualitative Research in Counselling and Psychotherapy[M], London: Sage.

METZGER M J, LEEMANS R, SCHROTER D. 2005. A multidisciplinary multi-scale framework for assessing vulnerabilities to global change[J]. International journal of applied earth observation and geoinformation, 7: 253–267. DOI: 10.1016/j.jag.2005.06.011.

MICHENER W K, BLOOD E R, BILDSTEIN K L, et al. 1997. Climate change, hurricanes and tropical storms, and rising sea level in coastal wetlands[J]. Ecological applications, 7（3）: 770–801.

MODARESI F, ARAGHINEJAD S. 2014. A comparative assessment of support vector machines, probabilistic neural networks, and K-nearest neighbor algorithms for water quality classification[J]. Water resources management, 28（12）: 4095–4111.

MORRIS J T, SUNDARESHWAR P V, NIETCH C T, et al. 2002. Responses of coastal wetlands to rising sea level[J]. Ecology, 83（10）: 2869–2877.

MURRAY N J, CLEMENS R S, PHINN S R, et al. 2014. Tracking the rapid loss of tidal wetlands in the Yellow Sea[J]. Frontiers in ecology and the environment, 12: 267–272.

MURRAY N J, PHINN S R, CLEMENS R S, et al. 2012. Continental scale mapping of tidal flats across east Asia using the Landsat archive[J]. Remote sensing, 4: 3417–3426. DOI: 10.3390/rs4113417.

NAGENDRA H, LUCAS R, HONRADO J P, et al. 2013. Remote sensing for conservation monitoring: assessing protected areas, habitat extent, habitat condition, species diversity, and threats[J]. Ecological indicators, 33: 45–59. DOI: 10.1016/j.ecolind.2012.09.014.

NICHOLLS R J, CAZENAVE A. 2010. Sea level rise and its impact on coastal zones[J]. Science, 328: 1517–1520. DOI: 10.1126/science.1185782.

NIK ZAINAL S, ALEXANDROV L B, WEDGE D C, et al. 2012. Mutational processes molding the genomes of 21 breast cancers[J]. Cell, 149: 979–993.

NYMAN J A, WALTERS R J, DELAUNE R D, et al. 2006. Marsh vertical accretion via vegetative growth[J]. Estuarine, coastal and shelf science, 69（3–4）: 370–380.

OZESMI S L, BAUER M E. 2002. Satellite remote sensing of wetlands[J]. Wetlands ecology and management, 10（5）: 381–402.

PENDLETON L, DONATO D C, MURRAY B C, et al. 2012. Estimating global "blue carbon" emissions from conversion and degradation of vegetated coastal ecosystems[J]. PloS one, 7: e43542.

PFEFFER W T, HARPER J T, O'NEEL S. 2008. Kinematic constraints on glacier contributions to 21st-century sea-level rise[J]. Science, 321（5894）: 1340–1343.

PLONCZKIER P, SIMMS I C. 2012. Radar monitoring of migrating pink-footed geese: behavioural responses to offshore wind farm development[J]. Journal of applied ecology, 49: 1187–1194. DOI: 10.1111/j.1365-2664.2012.02181.x.

PRINGLE R M, SYFERT M, WEBB J K, et al. 2009. Quantifying historical changes in habitat availability for endangered species: use of pixel-and object-based remote sensing[J]. Journal of applied ecology, 46: 544–553.

DOI: 10.1111/j.1365–2664.2009.01637.x.

RAKHIMBERDIEV E, VERKUIL Y I, SAVELIEV A A, et al. 2011. A global population redistribution in a migrant shorebird detected with continent–wide qualitative breeding survey data[J]. Diversity and distributions, 17: 144 – 151. DOI: 10.1111/j.1472–4642.2010.00715.x.

REEDER MYERS L A. 2015. Cultural heritage at risk in the twenty–first century: a vulnerability assessment of coastal archaeological sites in the United States[J]. The journal of island and coastal archaeology, 10（3）: 436–445.

RINGOLD P L, MAGEE T K, PECK D V, et al. 2008. Twelve invasive plant taxa in US western riparian ecosystems[J]. Journal of the North American benthological society, 27（4）:949–966.

ROBINSON L, NEWELL J P, MARZLUFF J M. 2005. Twenty–five years of sprawl in the Seattle region: growth management responses and implications for conservation[J]. Landscape and urban planning, 71（1）: 51–72. DOI: 10.1016/j.landurbplan.2004.02.005.

RUNGE C A, WATSON J E, BUTCHART S H, et al. 2015. Protected areas and global conservation of migratory birds[J]. Science, 350（6265）: 1255 – 1258. DOI: 10.1126/science.aac9180.

SAATY T L. 1980. The Analytical Hierarchy Process[M]. New York: McGraw–Hill.

SAATY T L. 1990. How to make a decision: the analytic hierarchy process[J]. European journal of operational research, 48: 9 – 26. DOI: 10.1016/0377–2217（90）90057–I.

SARKAR S, PARIHAR S M, DUTTA A. 2016. Fuzzy risk assessment modelling of East Kolkata wetland area: a remote sensing and GIS based approach[J]. Environmental modelling & software, 75:105–118.

SCHUERCH M, VAFEIDIS A, SLAWIG T, et al. 2013. Modeling the influence of changing storm patterns on the ability of a salt marsh to keep pace with sea level rise[J]. Journal of geophysical research: earth surface, 118（1）: 84–96.

SCOTT D T, KEIM R F, EDWARDS B L, et al. 2014. Floodplain biogeochemical processing of floodwaters in the Atchafalaya River Basin during the Mississippi River flood of 2011[J]. Journal of geophysical research: biogeosciences, 119（4）: 537–546.

Shanghai Statistics, Bureau. 2013. Shanghai Statistical Yearbook[J]. Shanghai: China Statistics Press.

SICILIANO G. 2012. Urbanization strategies, rural development and land use changes in China: a multiple–level integrated assessment[J]. Land use policy, 29（1）: 165–178.

SIDDIQUI Z. 2011. Holistic approach to mitigate the pollution impacts in the coastal ecosystem of Thailand using the remote sensing techniques[J]. International journal of environmental research, 5（2）: 297–306.

SNOUSSI M, OUCHANI T, NIAZI S. 2008. Vulnerability assessment of the impact of sea–level rise and flooding on the Moroccan coast: the case of the Mediterranean eastern zone[J]. Estuarine, coastal and shelf science, 77（2）: 206–213.

State Oceanic Administration. 2015. China Sea Level Bulletin[EB]. http://www.soa.gov.cn/zwgk/hygb/zghpmgb/.

STUDDS C E, KENDALL B E, MURRAY N J, et al. 2017. Rapid population decline in migratory shorebirds relying on Yellow Sea tidal mudflats as stopover sites[J]. Nature communications, 8（1）: 1–7. DOI: 10.1038/ncomms14895.

SYVITSKI J P, KETTNER A J, OVEREEM I, et al. 2009. Sinking deltas due to human activities[J]. Nature geoscience, 2: 681–686. DOI: 10.1038/ngeo629.

TEMMERMAN S, GOVERS G, MEIRE P, et al. 2003. Modelling long–term tidal marsh growth under changing tidal conditions and suspended sediment concentrations, Scheldt estuary, Belgium[J]. Marine geology, 193（1–2）: 151–169.

TEMMERMAN S, BOUMA T J, GOVERS G, et al. 2005. Impact of vegetation on flow routing and sedimentation patterns: three–dimensional modeling for a tidal marsh[J]. Journal of geophysical research: earth surface, 110（F4）.

TEMMERMAN S, MEIRE P, BOUMA T J, et al. 2013. Ecosystem–based coastal defence in the face of global change[J]. Nature, 504（7478）: 79–83. DOI: 10.1038/nature12859.

TETT P, GOWEN R J, PAINTING S J, et al. 2013. Framework for understanding marine ecosystem health[J]. Marine ecology progress series, 494: 1–27. DOI: 10.3354/meps10539.

TIAN B, WU W, YANG Z, et al. 2016. Drivers, trends, and potential impacts of long–term coastal reclamation in China from 1985 to 2010[J]. Estuarine, coastal and shelf science, 170: 83–90.

TIAN B, ZHANG L, WANG X, et al. 2010. Forecasting the effects of sea–level rise at Chongming Dongtan Nature Reserve in the Yangtze Delta, Shanghai, China[J]. Ecological engineering, 36（10）: 1383–1388.

TIAN B, ZHOU Y, THOM R M, et al. 2015. Detecting wetland changes in Shanghai, China using FORMOSAT and Landsat TM imagery[J]. Journal of hydrology, 529: 1–10.

TIAN B, ZHOU Y, ZHANG L, et al. 2008. A GIS and remote sensing–based analysis of migratory bird habitat suitability for Chongming Dongtan Nature Reserve, Shanghai[J]. Acta ecologica sinica, 28（7）: 3049–3059.

TIAN B, WU W, YANG Z, et al. 2016. Drivers, trends, and potential impacts of long–term coastal reclamation in China from 1985 to 2010[J]. Estuarine, coastal and shelf science, 170: 83–90. DOI: 10.1016/j.ecss.2016.01.006.

TIAN B, ZHOU Y, ZHANG L, et al. 2008. Analyzing the habitat suitability for migratory birds at the Chongming Dongtan Nature Reserve in Shanghai, China[J]. Estuarine, coastal and shelf science, 80: 296–302. DOI: 10.1016/j.ecss.2008.08.014.

TOPUZ E, VAN GESTEL C A. 2016. An approach for environmental risk assessment of engineered nanomaterials using analytical hierarchy process（AHP）and fuzzy inference rules[J]. Environment international, 92: 334–347.

TOWNEND I, FLETCHER C, KNAPPEN M, et al. 2011. A review of salt marsh dynamics[J]. Water and environment journal, 25（4）: 477–488.

TROUPIN D, CARMEL Y. 2016. Landscape patterns of development under two alternative scenarios: implications for conservation[J]. Land use policy, 54: 221–234. DOI: 10.1016/j.landusepol.2016.02.008.

TUCKER C J. 1979. Red and photographic infrared linear combinations for monitoring vegetation[J]. Remote sensing of environment, 8（2）: 127–150. DOI: 10.1016/0034–4257（79）90013–0.

TURNER R K, DAILY G C. 2008. The ecosystem services framework and natural capital conservation[J]. Environmental and resource economics, 39（1）: 25–35.

UNGARO F, ZASADA I, PIORR A. 2017. Turning points of ecological resilience: geostatistical modelling of landscape change and bird habitat provision[J]. Landscape and urban planning, 157: 297–308. DOI: 10.1016/j.landurbplan.2016.07.001.

VALIELA I, BOWEN J L, YORK J K. 2001. Mangrove forests: one of the world's threatened major tropical environments[J]. Bioscience, 51（10）: 807–815.

VELDKAMP A, FRESCO L O. 1996. CLUE–CR: an integrated multi–scale model to simulate land use change scenarios in Costa Rica[J]. Ecological modelling, 91（1–3）: 231–248.

VERBURG P H, DE KONING G H, KOK K, et al. 1999. A spatial explicit allocation procedure for modelling the pattern of land use change based upon actual land use[J]. Ecological modelling, 116（1）: 45–61.

VERBURG P H, SOEPBOER W, VELDKAMP A, et al. 2002. Modeling the spatial dynamics of regional land use: the CLUE–S model[J]. Environmental management, 30（3）: 391–405.

VERMEER M, RAHMSTORF S. 2009. Global sea level linked to global temperature[J]. Proceedings of the national academy of sciences of the United States of America, 106（51）: 21527–21532.

WANDA E M, MAMBA B B, MSAGATI T A, et al. 2016. Determination of the health of Lunyangwa wetland using wetland classification and risk assessment index[J]. Physics and chemistry of the earth, Parts A/B/C, 92: 52 – 60.

WANG C, DUCRUET C. 2012. New port development and global city making: emergence of the Shanghai–Yangshan multilayered gateway hub[J]. Journal of transport geography, 25: 58–69.

WANG H, SHAO Q, LI R, et al. 2013. Governmental policies drive the LUCC trajectories in the Jianghan Plain[J]. Environmental monitoring and assessment, 185（12）: 10521–10536.

WANG J, GAO W, XU S, et al. 2012. Evaluation of the combined risk of sea level rise, land subsidence, and storm surges on the coastal areas of Shanghai, China[J]. Climatic change, 115（3–4）: 537–558.

WEBB E L, FRIESS D A, KRAUSS K W, et al. 2013. A global standard for monitoring coastal wetland vulnerability to accelerated sea–level rise[J]. Nature Climate Change, 3（5）:458–465.

WU H, TANG X, WANG Z, et al. 2018. Probabilistic automatic outlier detection for surface air quality measurements from the China national environmental monitoring network[J]. Advances in atmospheric sciences, 35（12）: 1522–1532.

WU W, ZHOU Y, TIAN B. 2017. Coastal wetlands facing climate change and anthropogenic activities: a remote sensing analysis and modelling application[J]. Ocean & coastal management, 138: 1–10. DOI: 10.1016/j.ocecoaman.2017.01.005.

WULDER M A, WHITE J C, NELSON R F, et al. 2012. Lidar sampling for large–area forest characterization: a review[J]. Remote sensing of environment, 121: 196–209. DOI: 10.1016/j.rse.2012.02.001.

XU X, YANG G, TAN Y, et al. 2016. Ecological risk assessment of ecosystem services in the Taihu Lake Basin of China from 1985 to 2020[J]. Science of the total environment, 554: 7–16.

YANG S L, ZHANG J, ZHU J, et al. 2005. Impact of dams on Yangtze River sediment supply to the sea and delta intertidal wetland response[J]. Journal of geophysical research: earth surface, 110(F3).

YANG S L, ZHANG J, XU X J. 2007. Influence of the Three Gorges Dam on downstream delivery of sediment and its environmental implications, Yangtze River[J]. Geophysical research letters, 34(10).

YANG S L, MILLIMAN J D, LI P, et al. 2011. 50,000 dams later: erosion of the Yangtze River and its delta[J]. Global and planetary change, 75(1-2): 14-20.

YANG S L, XU K H, MILLIMAN J D, et al. 2015. Decline of Yangtze River water and sediment discharge: impact from natural and anthropogenic changes[J]. Scientific reports, 5(1): 1-14.

YANG S L, MILLIMAN J D, XU K H, et al. 2014. Downstream sedimentary and geomorphic impacts of the Three Gorges Dam on the Yangtze River[J]. Earth-science reviews, 138: 469-486. DOI: 10.1016/j.earscirev.2014.07.006.

YANG W, ZHAO H, CHEN X, et al. 2013. Consequences of short-term C4 plant Spartina alterniflora invasions for soil organic carbon dynamics in a coastal wetland of Eastern China[J]. Ecological engineering, 61: 50-57.

YANG Z, WANG T, LEUNG R, et al. 2014. A modeling study of coastal inundation induced by storm surge, sea-level rise, and subsidence in the Gulf of Mexico[J]. Natural hazards, 71(3): 1771-1794.

YU W, ZANG S, WU C, et al. 2011. Analyzing and modeling land use land cover change(LUCC)in the Daqing City, China[J]. Applied geography, 31(2): 600-608.

ZHA Y, GAO J, NI S. 2003. Use of normalized difference built-up index in automatically mapping urban areas from TM imagery[J]. International journal of remote sensing, 24: 583-594. DOI: 10.1080/01431160304987.

ZHANG Y, MERATNIA N, HAVINGA P J. 2010. Outlier detection techniques for wireless sensor networks: a survey[J]. IEEE communications surveys and tutorials, 12(2): 159-170.

ZHAO S, DA L, TANG Z, et al. 2006. Ecological consequences of rapid urban expansion: Shanghai, China[J]. Frontiers in ecology and the environment, 4(7): 341-346.

ZHOU H, JIANG H, ZHOU G, et al. 2010. Monitoring the change of urban wetland using high spatial resolution remote sensing data[J]. International journal of remote sensing, 31(7): 1717-1731.

ZHOU H, LU J, JIANG J. 2005. Test study on reclaimed land of Pudong Airport improved with dynamic and drain consolidation method[J]. Rock and soil mechanics, 26(11): 1779.

第二章　城郊农田、垃圾填埋场和河岸土壤修复技术研究

一、土壤－紫云英系统中固氮微生物对不同氮素水平的响应

（一）土壤－紫云英系统中固氮微生物对不同氮素水平响应的研究背景

在土壤环境中，氮素有效性被认为是影响植物生长的关键因素。植物通常不能直接利用大气中的 N_2，但有些微生物可通过固氮酶作用，将大气中的 N_2 转为 NH_3 进而被植物吸收利用。生物固氮大体上可划分为共生固氮和非共生固氮（联合固氮和自由固氮）。一般认为氮源有效性过高或过低均会抑制生物固氮过程，氮源特别匮乏不能满足固氮酶合成的需求时会抑制固氮酶的合成，而 NO_3^-、NH_4^+ 等有效氮过量时，固氮微生物会关闭固氮功能，生物固氮速率也会受到抑制（Salvagiotti 等，2008）。水稻土长期处于淹育条件且有机质含量相对较高，为生物固氮提供了适宜的条件。紫云英是一种共生固氮植物，常作为绿肥在稻田土壤中种植，能够增加土壤的碳氮含量（Asagi 和 Ueno，2009）。近年来，$^{13}C-CO_2$ 连续标记技术应用较广泛，通过对植物进行标记，可以监测能够同化利用 ^{13}C 标记的根系分泌物的土壤微生物群落结构的变化，结合 DNA-SIP 技术可以从属水平上鉴定功能菌群。本试验设置 3 个处理：对照 CK（不施氮处理）、低氮处理 NL（每公斤土 40 mg）、高氮处理 NH（每公斤土 100 mg 氮），分别利用 $^{13}C-CO_2$ 和 $^{15}N_2$ 标记技术研究水稻土共生固氮和非共生固氮微生物对不同氮素水平的响应机制。主要研究目的：施用氮素是否会通过促进植物生长增强共生固氮；施用氮素是否会影响稻田非共生固氮微生物种群结构；施肥是否会改变土壤微生物对根际沉积碳的同化利用。

（二）氮素水平对植物干重及固氮量的影响

氮素水平显著影响紫云英的干物质及养分积累量。紫云英地上部和地下部的氮积累量也表现为 NH（高氮处理）处理显著高于 NL（低氮处理）和 CK（对照，不施肥）处理。应用 $^{15}N-N_2$ 脉冲标记法测定不同氮素水平下紫云英的固氮量。NL 处理植株地上部、根部及根瘤中的 ^{15}N 标记量最高，显著高于其他处理；CK 和 NH 处理间无显著差异（表 2-1）。

表 2-1　紫云英干重、氮素吸收量及固氮量

项目	处理	地上部	地下部	根瘤
植物干重 /g	CK	1.71 ± 0.10b	0.55 ± 0.18c	0.094 ± 0.001ab
	NL	2.05 ± 0.34a	0.64 ± 0.09b	0.097 ± 0.002a
	NH	2.18 ± 0.13a	0.86 ± 0.11a	0.092 ± 0.001b
总吸氮量 /mg	CK	69.0 ± 6.0b	16.2 ± 2.1b	4.99 ± 0.2a
	NL	75.5 ± 5.1b	22.9 ± 2.4a	5.34 ± 0.2a
	NH	96.9 ± 2.2a	26.1 ± 1.0a	4.97 ± 0.1a
15N 吸收量 /mg	CK	0.59 ± 0.03b	0.13 ± 0.01b	0.14 ± 0.01b
	NL	0.67 ± 0.05a	0.18 ± 0.01a	0.20 ± 0.01a
	NH	0.57 ± 0.02b	0.15 ± 0.02b	0.14 ± 0.01b

（三）土壤及根瘤中 *nifH* 基因丰度及群落结构

在生长 30d 时，不同处理间根瘤中 *nifH* 基因丰度无显著差异；而生长 60d 后，NL 处理的 *nifH* 基因丰度从每克根瘤干重 3.7×10^{10} copies 上升到 6.0×10^{10} copies，显著高于 CK 和 NH 处理（图 2-1）。紫云英根瘤中的固氮微生物种类单一，根瘤中 99% 的 *nifH* 基因序列属于华癸中生根瘤菌，只有 1% 为慢生根瘤菌属，该 1% 的序列均来自 NH 处理。

非共生固氮固定的氮仅占共生固氮量的 5.1%。在培养 30d 时，土壤中 *nifH* 基因在 CK 和 NL 处理中每克土为 1.3×10^7 copies 和 1.2×10^7 copies，而在 NH 处理中，*nifH* 基因的丰度仅为每克土 0.9×10^7 copies。土壤中固氮基因种类丰富，通过 DNAMAN 软件分析得出在 95% 相似性下分出 107 个 OTU。该土壤固氮微生物分布在 α -、β -、δ - 变形菌门（Proteobacteria）、蓝细菌门（Cyanobacteria）、厚壁菌门（Firmicutes）、拟杆菌门（Bacteroidetes）。施肥显著增加了 δ - 变形菌门固氮微生物相对丰度，CK、NL、NH 处理在 δ - 变形菌门中的相对丰度分别为 25%、27.2%、29%。CK、NL、NH 处理在蓝细菌中的相对丰度分布为 16.5%、16.1%、21.3%，说明蓝细菌适宜高氮环境。

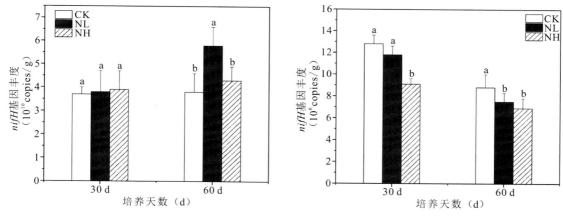

图 2-1 紫云英根瘤及土壤中 *nifH* 基因丰度

（四）$^{13}CO_2$ 标记和 DNA-SIP 技术在研究中的应用

将标记（$^{13}CO_2$）和非标记（$^{12}CO_2$）处理的土壤 DNA 分为 16 层，并对不同密度层土壤 DNA 进行 *nifH* 和 16S rRNA 基因定量。与不标记处理相比，紫云英连续标记 30d 后，对照、低氮、高氮处理土壤样品的 *nifH* 基因丰度均向重层偏移，^{13}C 标记的 CK、NL、NH 处理的最高点的浮力密度分别为 1.703 g/mL、1.708 g/mL、1.703 g/mL。而细菌的偏移不明显（图 2-2）。从非标记和标记土壤 DNA 的分层样品中选择轻层（L7—L9 层）和重层（L4—L6 层）进行 *nifH* 基因的克隆测序。将所有 DNA 序列翻译成蛋白序列后在 95% 相似性下分 OTU。由系统发育树可以看出固氮微生物主要分布在 α-、β-、δ- 变形菌门（Proteobacteria）和蓝细菌门（Cyanobacteria），而 γ- 变形菌门、放线菌门（Actinobacteria）和疣微菌门（Verrucomicrobia）的丰度不到 1%。从图 2-1 可以看出，有些微生物明显倾向于利用根际沉积碳，如 OTU65（属于 α- 变形菌门）在重层中的 ^{13}C 标记土壤中的丰度高于未标记土壤；而 OTU24 和 OTU73（属于 δ- 变形菌门）主要分布在轻层，说明这类型微生物更倾向于利用土壤的其他有机质而不是根际沉积碳。

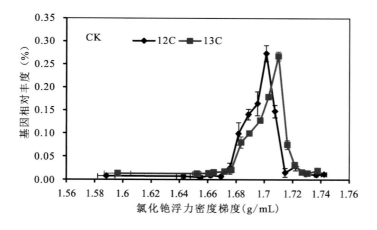

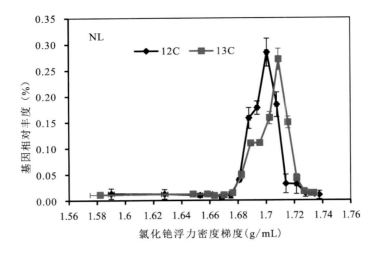

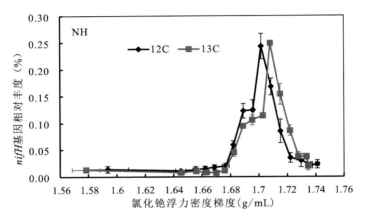

图 2-2　$^{13}CO_2$ 和 $^{12}CO_2$ 培养的不同密度层土壤 DNA *nifH* 基因 CK（a）、NL（b）、NH（c）
定量 PCR 结果

二、不同 pH 梯度下土壤自养硝化微生物对硝化作用的相对贡献

（一）不同 pH 梯度下 3 种自养硝化微生物相对贡献研究的背景

由微生物驱动的氮循环过程包括固氮、氨化、硝化和反硝化等。在这些步骤中，硝化作用对生物地球化学循环非常重要。好氧自养硝化分为限速步骤的氨氧化过程和快速反应的亚硝酸盐氧化过程，分别由氨氧化微生物和亚硝酸盐氧化微生物驱动。然而，最近的研究表明，硝化螺旋菌属（*Nitrospira*）某些种类可以同时驱动这两个过程进行完全的氨氧化。氨氧化是氨被氧化成亚硝酸盐的第一步，也是硝化作用的限速步骤。它由化学自养

氨氧化细菌（AOB）和氨氧化古菌（AOA）通过关键酶氨单加氧酶（AMO）进行。在发现AOA 和古菌 amoA 基因之前，AOB 被认为是微生物氨氧化的唯一执行者。最近对 amoA 基因的研究表明，该基因编码 AMO 酶的第一个亚基，除 AOB 外，AOA 在酸性土壤中起主要作用。

AOA 和 AOB 广泛分布在地球生态系统中。它们存在于水稻土、蔬菜种植土壤、海水、沉积物、湿地和温泉中。两种氨氧化菌在细胞生物化学和生理学上的不同，导致在不同的农业生态系统氨氧化菌的丰度和群落结构的差异。许多因素可以影响氨氧化菌，例如土壤 pH、氧气、底物浓度、温度等。其中，土壤 pH 是氨氧化微生物活性、丰度和群落结构的重要驱动因素，AOA/AOB 比率随着土壤 pH 的增加而降低。通常，在酸性土壤中，AOA 的量大于AOB，表明 AOA 具有更强的适应低 pH 栖息地的能力。

硝化过程的第二步是亚硝酸盐氧化。在这一步骤中，亚硝酸盐被亚硝酸盐氧化还原酶（NXR）氧化成硝酸盐，这是由亚硝酸盐氧化细菌（NOB）介导的。因为氨氧化是限速步骤，所以第二步通常很少受到关注。NOB 分为 4 个属，即硝化杆菌属（*Nitrobacter*）、硝化螺菌属（*Nitrospira*）、硝化球菌属（*Nitrococcus*）和硝化刺菌属（*Nitrospina*）。其中，对硝化杆菌属（*Nitrobacter*）和硝化螺菌属（*Nitrospira*）的研究占主导地位，nxrA 或 nxrB 是土壤 NOB 的主要功能基因。

$^{13}CO_2$-DNA-SIP 是一种强有力的技术，它可以将硝化活性和以 ^{13}C 标记为底物生长的活性微生物结合起来，用于鉴别具有活性的硝化微生物。然而，以往的研究主要集中在湖泊沉积物、河口和中性农业土壤中，很少有研究是针对不同 pH 梯度的土壤，明确不同pH 梯度下土壤的主要硝化微生物及其相对贡献。因此，我们通过添加石灰调节土壤 pH梯度（分别为 3.97、4.82、6.07 和 7.04），研究 AOA、AOB 和 NOB 对自养硝化作用的相对贡献，明确 AOA、AOB 和 NOB 的丰度、结构和活性是否受土壤 pH 值的影响，其影响效应如何。

（二）不同 pH 梯度下 AOA、AOB 和 NOB 的基因丰度

培养第 28d，AOA amoA 丰度范围为每克干土 3.08×10^6—1.01×10^9 copies，并且与 AOB 丰度相比保持较高水平（图 2-3）。当土壤 pH 为 3.97 和 7.04 时，AOA amoA 基因丰度分别为最高和最低。AOA amoA 基因丰度与土壤 pH 呈显著负相关（$r= -0.953$，$P < 0.01$）。四个 pH 梯度下，AOB amoA 基因丰度无显著差异。培养 28d 后，土壤 NO_3^--N浓度在 pH 3.97—6.07 时增加 80—100 mg/kg，而在 pH 7.04 时保持相对稳定，并且远低于其他 pH 水平。在 pH 为 3.97、4.82、6.07 和 7.04 时，土壤硝化潜势（PNR）分别为 5.9 ± 0.5、7.7 ± 0.4、4.9 ± 0.5 和 0.9 ± 0.1 mg/kg。PNR 与 AOA 丰度呈正相关（$r = 0.889$，$P < 0.01$），但 PNR 与 AOB 丰度之间无显著相关性。古菌 amoA 基因的丰度比细菌 amoA 基因高 100—10000 倍，并且在培养过程中显著增加。土壤 pH 和 AOA amoA 基因丰度之间的负相关性表明，一些 AOA 优先选择酸性土壤。pH 7.04 时 AOA amoA 的基因丰度显著低于 pH 3.97—

6.07 时的基因丰度。这可能是由于土壤 pH 升高时大部分 AOA 死亡。AOA *amoA* 基因拷贝数和 PNR 之间的正相关性，进一步证实了 AOA 是酸性土壤中氨氧化过程的主要驱动者。一般认为，AOB 在中性土壤中丰度最高。然而，本试验中中性土壤的 AOB 丰度和硝化活性非常低，并且在 pH 梯度中 AOB 丰度没有显著差异。这说明通过人为调控土壤 pH 的短期增加并不能促进原始 AOB 物种的生长和活动，这可能是由于适应不同 pH 范围的活性硝化微生物的生态位差异。

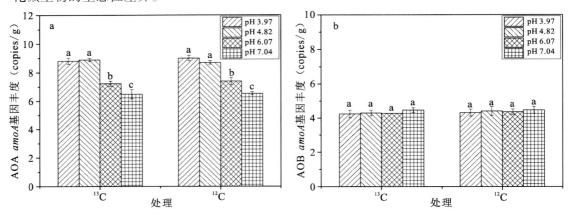

图 2-3 不同 pH 梯度下 AOA 和 AOB *amoA* 基因丰度

对于 NOB，硝化杆菌属（*Nitrobacter*）和硝化螺菌属（*Nitrospira*）丰度随 pH 梯度而变化（图 2-4），然而 5 种功能基因表现出不同的趋势。*Nitrobacter nxrA* 的丰度范围为 2.34×10^4—1.32×10^6 copies/g，随着土壤 pH 值的增加而减少，但两种不同引物的 *Nitrobacter nxrB* 基因的丰度在 4 个 pH 值之间无显著差异。在 4 个 pH 水平下，*Nitrospira* 16S rRNA 和 *nxrB* 基因的丰度存在显著差异。随着土壤 pH 值的增加，*Nitrospira nxrB* 基因的丰度增加。硝化杆菌属的 16S rRNA 基因与慢生根瘤菌科（*Bradyrhizobiaceae*）内的一些非硝化杆菌属高度相似，因此，不适合使用 16S rRNA 基因作为硝化杆菌的标记物。以前的研究经常使用 *nxrA* 和 *nxrB* 基因来研究硝化杆菌。因此，*Nitrospira* 16S rRNA，*nxrB*，*Nitrobacter nxrA* 和 *nxrB* 基因用于表征本研究中 NOB 的动态。在 4 种靶基因中，*Nitrospira* 16S rRNA，*nxrB* 基因和 *Nitrobacter nxrA* 基因的丰度受土壤 pH 的显著影响。对游离亚硝酸的不同抗性可能解释硝化杆菌属（*Nitrobacter*）和硝化螺菌属（*Nitrospira*）对 pH 的不同偏好，硝化螺菌属（*Nitrospira*）比硝化杆菌属（*Nitrobacter*）更容易受到低浓度游离亚硝酸的影响。对于硝化螺菌属（*Nitrospira*），在相对较高的 pH 水平下丰度的增加可能是由于对游离亚硝酸的高度敏感性；对于硝化杆菌属（*Nitrobacter*），随着土壤 pH 值的降低，*nxrA* 基因丰度的增加可部分解释为对游离亚硝酸的敏感性较低。然而，没有证据可以解释 *Nitrobacter nxrB* 基因丰度随土壤 pH 值的变化。

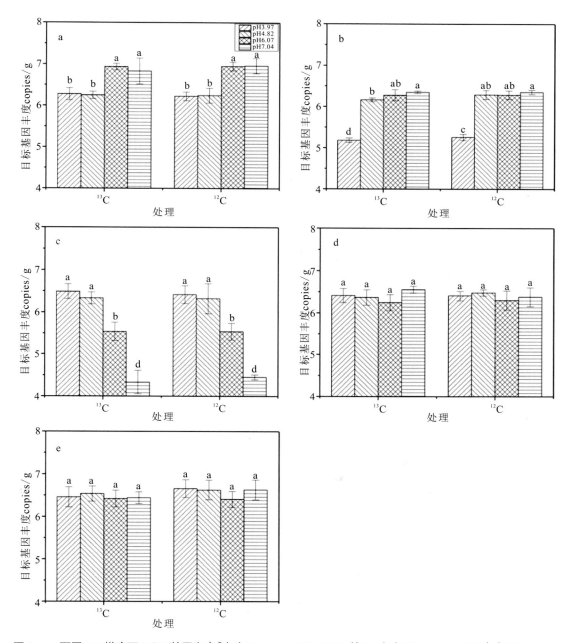

图 2-4　不同 pH 梯度下 NOB 基因丰度 [（a）*Nitrospira* 16S rRNA 基因；（b）*Nitrospira nxrB*；（c）*Nitrobacter nxrA*；（d）*Nitrobacter nxrB* 基因，引物 *nxrB1F / nxrB1R*；（e）*Nitrobacter nxrB* 基因，引物 *nxrB179F / 403R*）]

（三）$^{13}CO_2$ 标记和 DNA-SIP 技术在研究中的应用

用 qPCR 的方法，对分层后的 15 层氨硝化微生物的丰度进行定量，进一步检测硝化微

生物对 CO_2 的利用情况。测定超高速离心后每一层的折光率，根据浮力密度计算公式得出每一层的浮力密度，并以此作为横坐标；通过定量测得每层的硝化微生物丰度占最大丰度的百分比，并以此作为纵坐标。由此绘制出不同 pH 梯度下分层后每层中硝化微生物功能基因拷贝数比例分布图（图 2-5、图 2-6）。

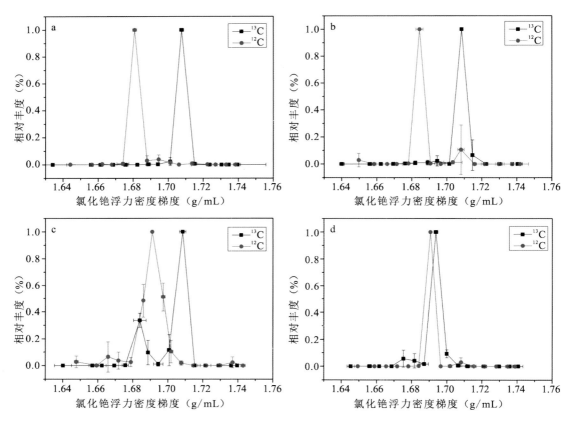

图 2-5　pH 3.97（a）、pH 4.82（b）、pH 6.07（c）、pH 7.04（d）梯度下分层后每层中 AOA *amoA* 基因在各层的相对丰度

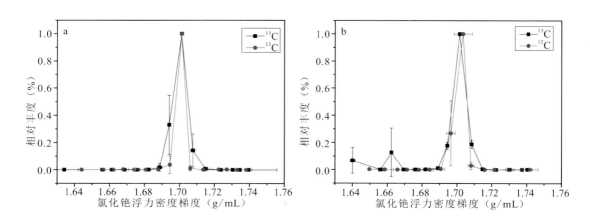

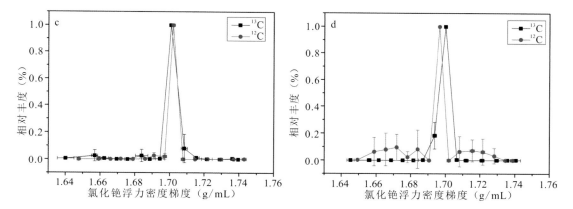

图 2-6 pH 3.97（a）、pH 4.82（b）、pH 6.07（c）、pH 7.04（d）梯度下分层后每层中 AOB *amoA* 基因在各层的相对丰度

对于 $^{13}C-CO_2$ 处理，除 pH 7.04 外，AOA 的 *amoA* 基因主要存在于较重的部分，浮力密度约为 1.708 g/mL。在 pH 3.97—6.07 下，$^{12}C-$ 和 $^{13}C-$ 标记的处理之间的 DNA 浮力密度存在明显差异（图 2-5a–c）；在 pH 7.04 下的 $^{12}C-CO_2$ 处理，AOA *amoA* 基因主要包含在具有约 1.694 g/mL 的浮力密度的部分中，与其他 pH 水平相比，略微向较低的 DNA 浮力密度移动（图 2-5 d）。这意味着 AOA 在酸性土壤中吸收了更多的 $^{13}C-CO_2$。

对于 AOB，在 pH 3.97—7.04 范围内，两个 $^{13}C-CO_2$ 和 $^{12}C-CO_2$ 处理 *amoA* 基因拷贝在浮力密度分数 1.701 g/mL 周围达到的最大值（图 2-6）。$^{13}C-CO_2$ 和 $^{12}C-CO_2$ 处理之间 AOB 丰度的分布没有显著变化，这意味着在微观培养期间没有 $^{13}C-CO_2$ 被同化到细菌 DNA 中。

在 pH 4.82—7.04 时，与 AOB *amoA* 相似，*Nitrobacter nxrA*，*Nitrobacter nxrB* 和 *Nitrospira nxrB* 三个功能基因也未出现明显的偏移，$^{13}C-CO_2$ 和 $^{12}C-CO_2$ 处理最大相对丰度重叠在 1.700—1.720 g/mL，证明 $^{13}C-CO_2$ 没有进入硝化螺菌属（*Nitrospira*）或硝化杆菌属（*Nitrobacter*）的基因组 DNA 中。在 pH 3.97 下，仅发现硝化杆菌 *nxrB* 基因的峰值略微偏移，未将 $^{13}C-CO_2$ 掺入任一组的基因组 DNA 中，表明 NOB 的其他种群参与了亚硝酸盐氧化过程。

（四）*amoA* 系统发育树的构建与分析

挑选 4 个 pH 梯度下 $^{12}C-CO_2$ 和 $^{13}C-CO_2$ 分层后中具有最大相对丰度的一层构建 AOA 和 AOB *amoA* 基因的克隆文库，每层样品随机选择 40 个阳性克隆进行测序。对于 AOA 克隆文库，来自标记和未标记处理的 *amoA* 基因序列主要落入相同的簇中（图 2-7）。在 ^{13}C 标记的处理中，OTU5 在 pH 分别为 4.82 和 7.04 时含量最高，其在重层中分别含有 49.2% 和 53.3% 的序列。OTU2 为 pH 3.97 时是最丰富的 OTU，其在重层中含有 36.7% 的序列。OTU1 和 OTU2 为 pH 6.07 时最丰富的 OTU，其在的重层中分别含有 33.3% 和 32.5% 的序列。在 pH 值为 3.97 和 7.04 的 ^{12}C 标记处理中，OTU4 是最丰富的 OUT，其在轻层中分别含有 79.2% 和 57.5% 的序列。在 pH

4.82 和 6.07 的 ^{12}C 标记处理中，OTU5 是最丰富的 OTU，其在轻层中分别含有 81.7% 和 52.5% 的序列。OTU1，OTU2，OTU4 和 OTU5 都属于亚硝化球菌属（*Nitrososphaera*）。

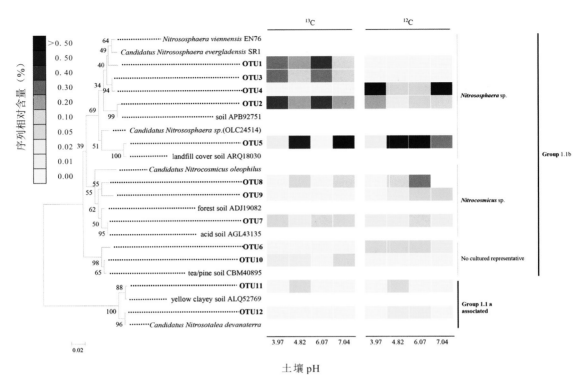

图 2-7　^{13}C- 和 ^{12}C- 标记处理分层样品所构建的 AOA *amoA* 系统发育树

对于 AOB 克隆文库，OTU9 是最丰富的 OTU，其在 pH 3.97，4.82，6.07 和 7.04 分别含有 66.7%，55.0%，56.7% 和 30.0% 的序列。OTU12 是第二丰富的 OTU，其在 pH 3.97，4.82，6.07 和 7.04 分别含有 10.8%，15.8%，17.5% 和 18.3% 的序列。OTU9 和 OTU12 都属于亚硝化螺菌属（*Nitrosospira*）。

三、不同 pH 条件下硝化抑制剂和脲酶抑制剂对土壤氨氧化微生物的影响

（一）pH 梯度上开展不同抑制剂对氨氧化微生物影响研究的背景

硝化过程是土壤中铵转化为硝酸盐的过程，对氮素循环和生态系统有重要意义。近年来，由于硝酸盐淋失和 N$_2$O 的排放造成的氮素损失越来越严重。为了减少氮损失和提高氮肥的利用效率，通常在农田系统中施用硝化抑制剂（NIs）和脲酶抑制剂（UIs）。氯甲基吡

啶（ *nitrapyrin* 或 N–serve ）是一种独特的氨氧化抑制剂，它可通过作用于氨单加氧酶（AMO，可催化 NH_3 转化成 NH_2OH ）来抑制硝化过程的第一步（从铵到亚硝酸盐过程）。N– 丁基硫代磷酰三胺（NBPT）是一种常用的脲酶抑制剂，当土壤添加较高浓度的 NBPT 时，可降低尿素水解速率和尿素挥发损失。直接施入土壤后，NBPT 可转化为丁基磷酰三胺（NBPTO），NBPT 和 NBPTO 都可通过竞争尿素分子而抑制脲酶的活性。

氨氧化古菌（AOA）和氨氧化细菌（AOB）是土壤氨氧化过程的关键驱动者。AOA 和 AOB 代谢底物相同，但在生化生理特性方面存在差异，主要表现为膜结构及其通透性的差异，从而影响硝化活性。此外，由于它们对土壤性质有不同的敏感性，如底物浓度、pH、水分含量等，导致他们占据不同的生态位。通过比较烯丙基硫脲（ATU）和氯甲基吡啶对氨氧化微生物的抑制效果，Jäntti 等人认为 ATU 对 AOA 抑制效果不明显，但是氯甲基吡啶对 AOA 和 AOB 均表现出很好的抑制效果。Lehtovirta–Morley 等人研究了 pH 为 4.5 的土壤中氨氧化微生物在不同氯甲基吡啶浓度下的生长情况，发现 *amoA* 基因丰度随着氯甲基吡啶浓度和培养环境的变化而变化，氯甲基吡啶浓度越大对 *amoA* 基因抑制效果越好，并且在液体中效果好于在土壤中。虽然关于氯甲基吡啶的研究已有多年，但是在不同土壤 pH 值水平下氯甲基吡啶影响氨氧化微生物多样性和丰富度的报道较少。

土壤 pH 对氨氧化微生物的丰度和群落结构而言是一个非常重要的影响因子。对 65 个来自不同地区、不同生态系统土壤样品的研究表明，pH 驱动了氨氧化微生物的分布并且 AOA 和 AOB *amoA* 基因丰度比值随土壤 pH 升高而下降，说明在酸性土壤中 AOA 比 AOB 更具有竞争优势。此外，当土壤 pH 低于 3.5 时，AOA 的多样性主要受到 pH 的影响，而土壤类型和土地利用方式对 AOA 的多样性没有明显影响。Nicol 等人证实了土壤 pH 决定氨氧化细菌和氨氧化古菌的菌种分布，Li 等人也报道了氨氧化细菌的群落结构和硝化活性明显受到土壤 pH 的影响。因此，本研究通过施用生石灰，将菜地土壤调节 4 个 pH 梯度（3.97—7.04），用定量 PCR、末端限制性片段长度多态性（T–RFLP）和克隆文库等分子生物学技术，探讨不同 pH 梯度下硝化抑制剂和脲酶抑制剂对硝化过程、AOA 和 AOB 丰度和群落结构的短期效应。

（二）不同 pH 梯度下硝化抑制剂和脲酶抑制剂对无机氮浓度和净硝化速率的影响

培养期间 4 个 pH 梯度下的铵态氮浓度有类似的变化趋势。与空白处理对比，添加尿素的处理明显增加了铵态氮的浓度。除 pH7.04 外，与空白处理相比的其他 pH 梯度在培养的第 3d 之后，$NH_4^+–N$ 浓度很快增加，然后维持在较高的水平。然而，硝化抑制剂和脲酶抑制剂的加入在 4 个 pH 梯度中表现出不同的抑制效应。4 个 pH 梯度下硝态氮的浓度从培养的开始到结束表现出逐渐增加的趋势。其中空白处理中的硝态氮含量最低，添加尿素的处理中硝态氮含量最高。在培养期间硝态氮浓度在 pH7.04 的 4 个处理中保持相对稳定。在 4 个 pH 梯度的尿素 +nitrapyrin 处理中硝态氮含量与仅添加尿素的处理相比分别降低了 8.2%、5.2%、1.1% 和 6.9%。在尿素 +NBPT 处理的 4 个 pH 梯度中硝态氮含量与仅添加尿素的处理相比分别降低了 14.5%、2.7%、7.9% 和 9.7%。培养期间各个处理的净硝化速率如表 2-2 所示。在同一 pH 梯度中，净硝化速率最低的为空白处理，最高的为仅含尿素的处理。尿素的添加使净硝化速率在 4 个 pH 梯度下分别增加 72.3%、134.8%、24.4% 和 23.8%。除了 pH 为 7.04 外的各个 pH 梯度中，尿素 +nitrapyrin 处理和尿素 +NBPT 处理的净硝化速率比空白处理的净硝化速率高，但是比仅添加尿素的处理低。与所有处理相比，在 pH 为 7.04 的各个处理的净硝化速率为最低。相关性分析也表明净硝化速率与土壤中 pH 存在极显著的负相关性（$r = -0.736$，$P < 0.01$）。

表 2-2　培养期间各个处理的净硝化速率　　　　　　　　单位：mg/kg·d

pH	空白	尿素	尿素 +nitrapyrin	尿素 +NBPT
3.97	3.79 ± 0.11c	6.56 ± 0.13a	5.58 ± 0.09b	5.65 ± 0.07b
4.82	3.55 ± 0.09d	8.21 ± 0.09a	7.34 ± 0.08c	7.68 ± 0.10b
6.07	4.18 ± 0.05d	5.21 ± 0.10a	5.02 ± 0.10b	4.33 ± 0.09c
7.04	0.80 ± 0.09b	0.99 ± 0.07a	0.97 ± 0.01a	0.79 ± 0.06b

（三）不同 pH 梯度下硝化抑制剂和脲酶抑制剂对 *amoA* 基因丰度的影响

培养 28d 后取样，对土壤中的 AOA 和 AOB *amoA* 基因进行定量。不同处理 AOA *amoA* 基因拷贝数在每克干土 9.49×10^4—3.43×10^9 copies 范围内变化，其中 pH 为 4.82 含有最高的 AOA *amoA* 基因拷贝数（平均为每克干土 1.01×10^9 copies），pH 为 7.04 含有最低的 AOA *amoA* 基因拷贝数（平均为每克干土 3.02×10^6 copies）。我们发现在相同 pH 水平下的 4 个处理之间 AOA *amoA* 基因拷贝数没有显著性差异（图 2-8）。相关性分析表明，AOA *amoA* 基因丰度与净硝化速率呈正相关（$r = 0.790$，$P < 0.01$），而与 pH 呈负相关（$r = -0.926$，$P < 0.01$）。在各个处理中 AOB *amoA* 基因拷贝数在每克干土 9.80×10^3 – 2.93×10^4 copies 范围内变化。定量 PCR 的结果表明，AOA 的基因丰度显著高于 AOB 的基因丰度，而在除了添加氯甲基吡啶的各个处理间 AOB 丰度没有显著差异，土壤 pH 对 AOB 丰度也没有表现出明显的影响。

AOA 的丰度与土壤 pH 呈负相关，表明 AOA 更偏好于酸性土壤中。AOA 的丰度在 pH 为 7.04 时明显减少，表明 AOA 在中性土壤中失去活性。这可能是因为 AOA 和 AOB 对有限资源的竞争，特别是在酸性土壤中有限的氨的竞争。Zhang 等人发现在酸性土壤中，AOA 的氨氧化占主导地位归因于低 pH 引起的氨的有效性和 AOA 对底物的高亲和力。另外，AOA 丰度和净硝化速率之间存在显著正相关，这表明氨氧化过程主要是由 AOA 主导，并且在所研究的土壤中 AOA 是主要的硝化驱动者。在不同 pH 水平的相同施肥处理中 AOB 的丰度没有明显差异，这表明 AOB 的丰度很少受到土壤 pH 影响。这主要是由于原始土壤中 AOA 与 AOB 比值高所致。

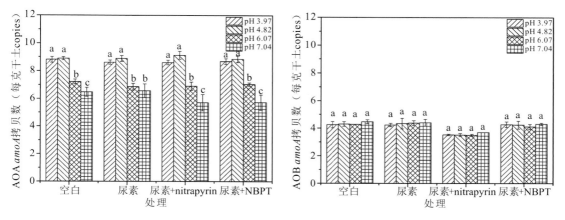

图 2-8　不同处理下 AOA 和 AOB *amoA* 基因丰度

（四）不同 pH 梯度下硝化抑制剂和脲酶抑制剂对 AOA 和 AOB 群落结构的影响

通过 T-RFLP 测定了蔬菜地中不同处理和不同 pH 梯度下的 AOA 和 AOB 群落结构。AOA *amoA* 的 HpyCH4C 酶切 T-RFLP 图谱显示，共获得 7 种不同长度的末端片段，其中 T-RF 166 bp（23.90%—48.97%）和 T-RF 217 bp（19.49%—43.80%）的片段所代表的物种为所有处理中共有的优势种群（图 2-9a）。AOA T-RF 166 bp 与土壤 pH 呈显著负相关（$r=-0.963$，$p<0.01$），而 AOA T-RFs 217 bp 和 205 bp 与土壤 pH 呈显著正相关（$r=0.905$，$P<0.01$，$r=0.778$，$p<0.01$）。PCA 分析可以进一步证明在所有处理中这些群落的变化，pH 为 3.97 和 4.82 的处理与 pH 为 6.07 和 7.04 的处理在 PC1 轴上明显分开，在 PC2 轴上 pH 为 3.97 和 pH 为 4.82 的处理分开。然而，尿素、氯甲基吡啶和 NBPT 的添加对 AOA T-RFLP 型影响不大。

AOB *amoA* 的 Msp Ⅰ 酶切 T-RFLP 图谱显示，共获得 4 种不同长度的末端片段，包括 56 bp，157 bp，235 bp 和 256 bp，其中 T-RF 157 bp 占所有 T-RFs 的 62.73%，并且其丰度与土壤 pH 有显著的正相关（$r=0.721$，$p<0.01$），而 AOB T-RF 56 bp 与土壤 pH 之间为显著负相关（$r=-0.825$，$p<0.01$）。pH 为 3.97 和 4.82 的处理可以与 pH 为 6.07 和 7.04 的处理在 PC1 轴上分开。与 AOA 结果类似，相同 pH 水平的各个处理之间没有显著性差异。

与不添加氯甲基吡啶的处理相比，在尿素 +nitrapyrin 处理中的 AOB *amoA* 基因丰度明显减少，这表明氯甲基吡啶抑制了 AOB 的生长。然而，在所研究的蔬菜地中氯甲基吡啶对 AOA 的丰度基本无影响。事实上，氯甲基吡啶对氨氧化微生物丰度的抑制研究较少。Cui 等人证明了在冲积土和水稻土中氯甲基吡啶可以减少 AOB 的丰度。Fisk 等人表明在温度为 20℃时，氯甲基吡啶减少了细菌 *amoA* 基因丰度。我们的研究进一步证实了氯甲基吡啶可以显著的减少 AOB 丰度，但是对 AOA 丰度基本没有影响。这可能是由 AOA 和 AOB 不同细胞膜组分造成的。因为不同的细胞膜组分可以影响膜的渗透性，因此会导致 AOA 和 AOB 对硝化抑制剂的敏感性不同。目前，NBPT 对细菌、真菌和放线菌的效果已经得到很好的研究。例如，Zhao 等人发现高浓度的 NBPT 可以抑制细菌和放线菌的生长。Song 等人报道过 NBPT可以促进土壤细菌、放线菌和真菌的生长。然而未曾有报道过 NBPT 对氨氧化微生物生长的影响，这与我们的结果相一致。

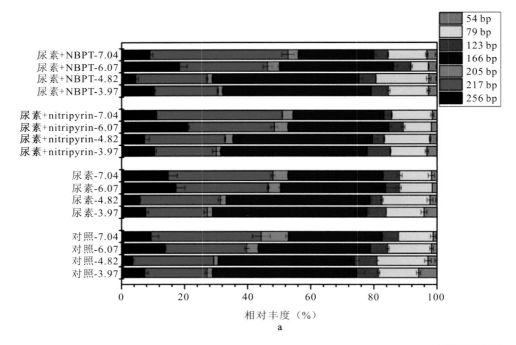

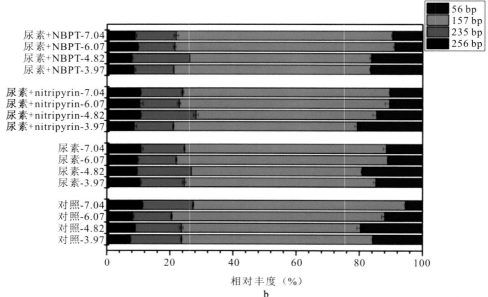

图 2-9　不同处理的蔬菜地中 AOA（a）和 AOB（b）的限制性片段的相对丰度

（五）氨氧化微生物的基因型及其系统发育树分析

amoA 氨基酸序列和相关的 GenBank 序列见图 2-10、图 2-11。AOA 和 AOB 分别有 6 个和 16 个 OTUs。AOA 的两个代表 OTUs（OTU01 和 OTU02）和 8 条代表序列划分为 3 个类群。一半的代表序列属于亚硝基菌属（*Nitrosophaeria*）类群，剩下的代表序列属于类群 Ⅰ 和类群 Ⅱ。代表序列 T-RFs 217 bp 和 166 bp 分别与 OTU02（KX683117）和 OTU01（KX683109）相关。细菌 amoA 基因的一个代表 OUT（OTU05）被选出，AOB 的 23 个代表序列分属于 5 个大的类群。其中的两个类群是 β- 变形菌门，其余类群为类群 Ⅰ - Ⅲ。代表序列中的 9 个属于 β- 变形菌门类群，其余 14 个代表序列属于类群 Ⅰ - Ⅲ类群。代表片段 T-RF 157 bp 大部分与 OTU05（KY073756）有关。

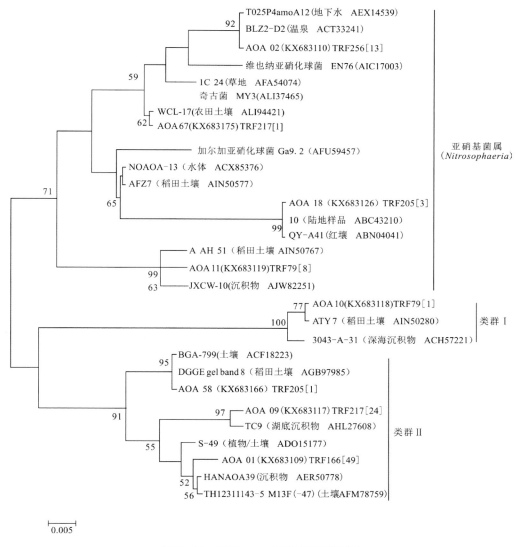

图 2-10　AOA *amoA* 基因系统发育树

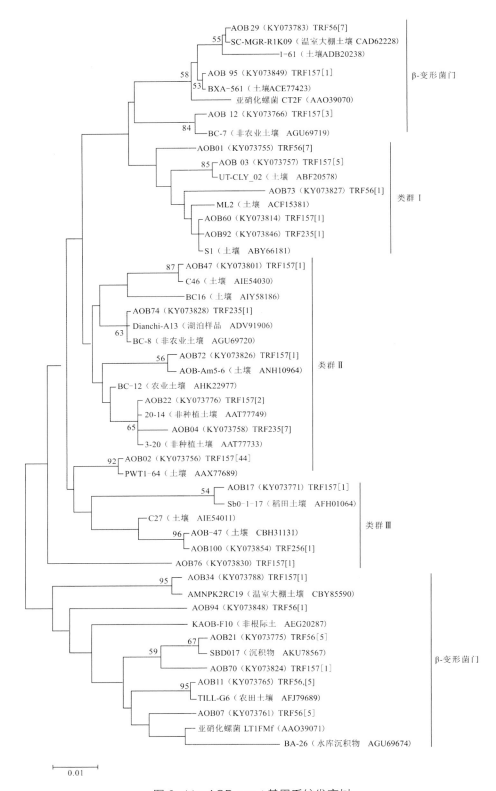

图 2-11　AOB *amoA* 基因系统发育树

AOB T-RFLP 和系统发育树结果表明：属于 cluster Ⅱ 类群的主要 T-RFs 片段 166 bp 和 217 bp 在所有处理的土壤中为主要的 AOA 基因型。T-RF 205 bp 属于亚硝基菌属（*Nitrosophaeria*）和类群 Ⅱ，但是大部分属于亚硝基菌属（*Nitrosophaeria*）类群。AOB 系统发育树分析表明在所研究的蔬菜地种细菌的所有 *amoA* 基因序列属于 β– 变形菌门类群和类群 Ⅰ – Ⅲ。T-RF 157 bp 贯穿于整个系统发育树中，但是大部分属于类群 Ⅱ。T-RF 56 bp 属于类群 Ⅰ 和 β– 变形菌门类群。

四、城市垃圾填埋场的温室效应及其微生物调控机制

（一）开展垃圾填埋场微生物与 N_2O 排放量贡献研究的背景

在过去的 100 年间，氧化亚氮（N_2O）是一种长久存在的温室气体，全球变暖潜能大约是 CO_2 的 300 倍。2014 年，空气中 N_2O 含量高于 325ppbv，由于氧化亚氮的臭氧破坏力严重地威胁到了平流层中臭氧层的稳定性。垃圾填埋是一种世界范围内的城市固体废物处理程序，也是重要的甲烷排放来源。以前的研究表明废弃的垃圾填埋地有大量 N_2O 排放，而 2014 年政府间气候变化专门委员会报告忽视了这点。由于指数式地人口增长和城市化，城市固体废物（MSW）正以空前的速率增加。预计发达国家城市固体废物年均增长率为 2.3%—4.5%，发展中国家则是 2%—3%。在厌氧或好氧填埋条件下，有机城市固体废物降解过程提供了产生 N_2O 的底物（铵态氮，硝态氮和可溶性有机碳）。

在人造或自然生态系统中，生物过程，包括硝化作用、反硝化作用、硝化菌反硝化作用和异化的硝、亚硝还原成铵作用，主要调节 N_2O 产生量。多个环境因素（如 pH、溶解氧溶度和温度）和底物（铵态氮，硝态氮和有机碳）影响垃圾填埋地 N_2O 排放。在氧浓度受限条件下，垃圾填埋地里的氨氧化途径会产生 N_2O，这种情况很普遍。在城市固体废弃物中，反硝化在总有机碳（TOC）增加的情况下促使 N_2O 增加，但被提高的氧气浓度抑止，而总有机碳与硝态氮比率决定了硝态氮浓度对 N_2O 排放量影响。温度升高促进了反硝化过程中 N_2O 的产生和积累，但抑制了硝化活性。

早已证实垃圾填埋地 N_2O 排放量由硝化作用和反硝化作用共同产生。只有很少的研究记录这一现象，或者垃圾填埋地覆土里的氨氧化微生物和反硝化微生物。有研究者指出塑料覆膜处理能显著影响中国垃圾填埋地覆土中的氨氧化细菌；与此相反，报道在美国垃圾填埋地覆土发现氨氧化古菌数量上超过它们对应的细菌。添加氮促进增长，而添加苯乙烯抑止增长。目前，垃圾填埋地覆土产生 N_2O 的主要微生物机制仍不清楚。

本研究通过对土壤剖面研究，来说明 3 个不同垃圾填埋地氨氧化微生物和反硝化微生物，以及它们的微生物群落结构对 N_2O 排放量的贡献。假设垃圾填埋地覆土性质决定了 N_2O 产量，在每个垃圾填埋阶段氮循环与功能微生物群落结构有关。本研究的目的是：研究不同垃圾填埋地点 N_2O 排放量，以及影响垃圾填埋地覆土 N_2O 排放的关键环境因子；确认不同垃圾填埋地点硝化和反硝化微生物，以及它们的群落结构对 N_2O 产量的贡献。

（二）温室气体排放和温室效应潜能

温室气体（CO_2，CH_4，N_2O）排放量在不同季节和地点变化显著。3 个垃圾填埋地温室气体（CO_2，CH_4，N_2O）排放量在夏季达到最大，夏季排放 CO_2 与冬季排放 CO_2 比值分别是 5.6（FH）、9.9（XS），夏季排放 CH_4 与冬季排放 CH_4 比值分别是 3.8（XS）、41.7（FH），夏季排放 N_2O 与冬季排放 N_2O 比值分别是 5.6（FH）、42.1（XS）。由于较高温度提高了微生物活性，夏季温室气体排放量明显高于秋季或冬季。然而，在此研究中的不同样点间没有相同的温室气体排放量。NH 样点平均 CO_2 和 CH_4 排放量最高，分别是 1754.9 mg m^{-2}h^{-1} 和 105.4 mg m^{-2} h^{-1}。XS 样点平均 N_2O 排放量最高，是 3.4 mg m^{-2}h^{-1}，高于森林、草地或丹麦耕地 N_2O 排放量的 8 倍多。而且，XS 样点平均 N_2O 排放量最高，介于施添加氮 100 kg / hm^2 和 300 kg / hm^2 的水稻土 N_2O 排放量之间。除了 CH_4 排放量，温室气体最高值明显高于印度垃圾填埋地的研究值，CH_4 最高排放量分别是 433 mg m^{-2} h^{-1}，1200 mg m^{-2}h^{-1}，964.4 mg m^{-2} h^{-1}。CO_2 和 CH_4 排放量都随垃圾填埋地的条件和阶段变化，NH > XS > FH。XS 样点 N_2O 排放量比较新的 NH 样点高（图 2-12）。

通过把 CH_4 和 N_2O 转换成等同值的 CO_2，以 eq-CO_2 m^{-2}h^{-1} 这一单位计量温室效应潜能。夏季 NH 样点温室效应潜能排序为 CH_4 > CO_2> N_2O，XS 样点温室效应潜能排序为 N_2O > CO_2> CH_4。冬夏两季 3 个样点总的温室效应潜能排序为 NH > XS > FH。由于废弃物质的降解，运行中的垃圾填埋地比关闭的垃圾填埋地排放更多温室气体。

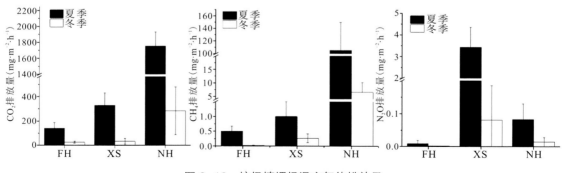

图 2-12　垃圾填埋场温室气体排放量

（三）硝化和反硝化微生物的相对贡献

混合效应回归分析显示，不同垃圾填埋地覆土的土壤性质（溶性有机碳、可溶性有机碳、碳氮比和总的有机碳）、氨氧化微生物（氨氧化古菌和氨氧化细菌）、nirK 基因数量大小、硝化和反硝化微生物活性影响 N_2O 排放量。垃圾填埋地土壤中硝化和反硝化微生物活性都对 N_2O 排放量有贡献。相似地，垃圾中也发生硝化和反硝化作用。第一阶段，反硝化微生物数量上超过氨氧化微生物；而在 200d 后，两者数量是相同的。硝化潜势和反硝化酶活性在夏季和冬季有明显不同，但在不同样点间是相似的。运行中的垃圾填埋地点（XS 和 NH）能提供更多的底物（铵态氮和硝态氮）。运行中的垃圾填埋地相比于关闭的垃圾填埋地点（FH），氨氧化微生物和反硝化微生物活性相对高，这与先前日本固体废物处理点研究结果一致。

我们发现 XS 样点夏季样品硝化潜势和反硝化酶活性较高，这可能是受垃圾填埋地沥滤物的影响，而废弃物的分解是 NH 样点冬季样品硝化潜势和反硝化酶活性较高的原因。一份关于受沥滤物污染的垃圾填埋地研究发现，由于沥滤物持续提供有机碳，反硝化作用主导 N_2O 产生过程。硝化潜势高季节比率在 26（冬季，NH：FH）到 42.8（夏季，XS：FH）之间变化，反硝化酶活性比率在 4.2（夏季，XS：FH）到 8.4（冬季，NH：FH）之间变化，表明不同垃圾填埋点季节和位点阶段变化（图 2-13）。不同垃圾填埋点之间和不同季节之间硝化微生物和反硝化微生物活性有显著差异。然而，基于曼-惠特尼 U 型测试观测这些检测的垃圾填埋地覆土 N_2O 排放量中硝化和反硝化相对贡献。这和先前的一份使用 ^{15}N 示踪同位素的农业土壤研究发现硝化和反硝化作用都贡献于 N_2O 排放量。因此，垃圾填埋地设计和管理应该考虑到硝化作用和反硝化作用对氧化亚氮排放量的潜在贡献。

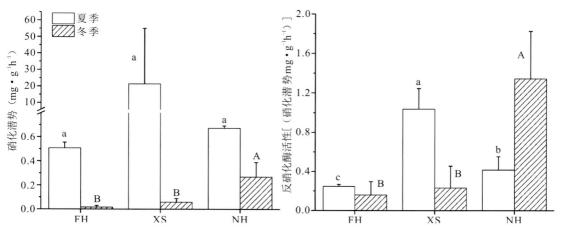

图 2-13　垃圾填埋场硝化潜势和反硝化酶活性

（四）微生物功能基因丰度（AOA、AOB、*nirS*、*nirK*）

除了细菌的 *amoA* 基因外，夏季的样品相对于冬季的样品有较高相对丰度的氮功能基因（AOA，*nirK* 和 nirS），这很可能是因为夏季的温度和底物可用性（图 2–14）。然而，不同垃圾填埋点 *amoA* 基因没有变化。在碱性土壤中，氨氧化古菌对土壤 pH 和铵可用性敏感。不同垃圾填埋点覆土间细菌 *amoA* 基因不同。氨氧化细菌生长利用的铵可以从沥滤物或降解的废物获得。运行中的垃圾填埋地点（XS 和 NH）细菌 *amoA* 基因丰度明显比关闭的垃圾填埋地高（P<0.05）。受季节或空间变化影响的温度和资源变化决定了土壤微生物群落。

nirK 和 *nirS* 基因丰度有相同的趋势。在刚开始降解的废弃物中，由于有可快速获得利用的碳源，反硝化作用效率更高。在运行的垃圾填埋地中 *nirK* 和 *nirS* 基因丰度显著高于关闭的垃圾填埋地。有趣的是，*nirK* 和 *nirS* 基因数量和土壤氨氮、总碳、总氮间有正相关关系。*nirK* 型反硝化微生物比 *nirS* 型反硝化微生物对环境变化更敏感，故在此研究中，*nirK* 基因丰度而不是 *nirS* 基因丰度与可溶性有机碳、可溶性有机氮和可溶性有机碳与总有机碳比值间呈正相关关系。先前的研究强调在全球土壤生态系统中，氨氧化古菌对

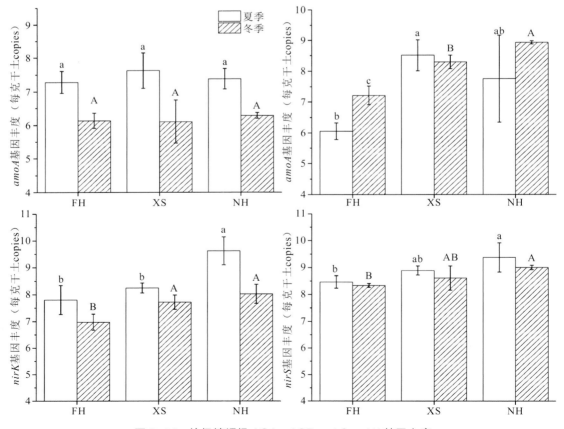

图 2–14　垃圾填埋场 AOA、AOB、*nirS*、*nirK* 基因丰度

氮循环做出显著贡献。然而，古菌 *amoA* 基因和硝化潜势，铵态氮以及硝含量间的正相关关系表明，AOA 在我们测验的垃圾填埋地生态系统中起非常重要的作用。同时，除了 NH 夏季样品外，*nirK* 和 *nirS* 的平均比值明显低于 1.0，证明 *nirS* 在垃圾填埋地覆土中起重要作用。而且，*nirK*/*nirS* 比率被看做可能的群落功能指标，发现土壤中 *nirS* 型反硝化微生物起主导作用。

（五）硝化和反硝化微生物基因型和系统发育树

核苷酸序列的测序深度判定分析表明，FH 样点的氮相关功能基因（AOA、*nirS*、*nirK*）有高于其他两个样点的趋势，而 XS 样点的 AOA、AOB、*nirS* 的多样性最低。

XS 样点铵含量相对高，其 AOA 序列和亚硝化球菌属（*Nitrososphaera*）相关。研究发现，添加铵后通过硝化作用明显增加 N_2O 排放量，此研究证实了硝化潜势、铵含量和 AOA 间的正相关关系。相似地，在红树林湿地和农业土壤中发现 NH（OTU01-KX511688）和 FH（OTU02-KX511589）和基因型 AII96643 以及 AEC47831 相关，证明这些物种也更喜欢高铵环境。

对 AOB 的分析发现，不同垃圾填埋地覆土的细菌 *amoA* 基因分布全都分布在亚硝化螺菌属（*Nitrosospira*）、亚硝化单胞菌属（*Nitrosomonas*）。亚硝化螺菌属（*Nitrosospira*）里存在 3 个亚簇。NH 样点多于 60% 的细菌 *amoA* 基因克隆序列属于亚硝化螺菌属（*Nitrosospira*）3b 簇，而在 XS 样点这一比例达到近 50%。XS 样点大约 30% 的细菌 *amoA* 基因克隆序列属于亚硝化螺菌属（*Nitrosospira*）簇 1，这一比例大幅高于 NH 和 FH 样点。

亚硝化螺菌属（*Nitrosospira*）在 pH 变化范围大的土壤中（从酸性到碱性）占主导地位。有证据表明，亚硝化单胞菌属（*Nitrosomonas*）和亚硝化螺菌属（*Nitrosospira*）都能在氧气受限或需氧条件下通过硝化菌反硝化作用途径产生 N_2O。OTU01（KX511389），OTU16（KX511188）和 OTU19（KX511291）代表的 TRF60 分别属于亚硝化单胞菌属（*Nitrosomonas*）和亚硝化螺菌属（*Nitrosospira*）簇 1 和 3b。与此相反，主要的 TRF156 和 TRF256 属于亚硝化螺菌属（*Nitrosospira*）3b 簇。

至于 *nirK* 基因，所有序列和变形菌（α 和 β）两个亚类相关。研究表明，硝化细菌（β- 变形菌）有 *nirK* 基因；*nirK* 基因与尚未在环境样本中报道的土壤亚硝化螺菌属（*Nitrosospira*）菌株相关。有趣的是，FH 和 XS 样点都发现亚硝化螺菌属（*Nitrosospira*）菌株 NpAV 相关的 *amoA* 和 *nirK* 基因，表明在这些垃圾填埋地覆土中硝化菌反硝化发挥重要作用。然而，与 α- 变形菌相关的主要 *nirK* 基因序列由 5 个亚簇组成，代表了多于 95% 的测序过的 *nirK* 基因。*nirK* 代表型 TRF26 除了根瘤菌科（*Rhizobiaceae*）外属于 α 和 β - 变形菌亚簇。大部分 TRF159 与叶杆菌科（*Phyllobacteriaceae*）和产碱杆菌科（*Alcaligenaceae*）相关。TRF473 主导根瘤菌科（*Rhizobiaceae*）簇中的操作分类单元。而且，在根瘤菌科（*Rhizobiaceae*）簇发现几乎全部 TRF205。

有趣的是，XS 样点主要是慢生根瘤菌科（*Bradyrhizobiaceae*）/*α-* 变形菌门簇，而 NH 样点主要是根瘤菌科（*Rhizobiaceae*）/*α-* 变形菌门。FH 样点慢生根瘤菌科（*Bradyrhizobiaceae*），叶杆菌科（*Phyllobacteriaceae*）和根瘤菌科（*Rhizobiaceae*）占相同比例的 *nirK* 序列，表明反硝化作用的相当贡献。

（六）硝化和反硝化微生物对环境因子的响应

我们做 CCA 分析研究环境因子对细菌群落结构的影响，评估主要的氮相关功能基因限制性末端片段多样性指纹图谱与土壤性质的关系（图 2–15）。先前的研究表明，土壤 pH 和底物利用力是决定氨氧化微生物细菌群落结构的主要因素。然而，在此研究中，只有土壤总碳相当地影响 AOA *amoA* TRF 类型分布。（$F=5.15$，$P=0.002$）。

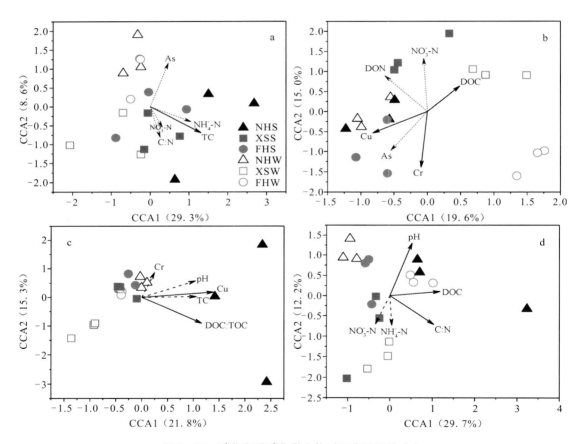

图 2–15　硝化和反硝化微生物对环境因子的响应

在不同的垃圾填埋地覆土中，土壤可溶性有机碳（$F=2.54$，$P=0.01$）显著影响氨氧化细菌组成，其次是铬（$F=2.42$，$p=0.013$）和铜（$F=2.17$，$p=0.048$），这与先前在污染的红树林沉积物研究结果一致。在不同垃圾填埋地覆土反硝化微生物功能基因分布可能归因于资源

［铜，（$p<0.01$）］和 DOC ： TOC（$p=0.03$）对于 $nirK$ 与 DOC（$p=0.002$）和 C ： N（$P=0.007$）对于 $nirS$ 以及土壤 pH（$nirS$，$p=0.006$），这与先前在土地利用梯度研究一致。

五、跨城市化梯度的河流沿岸土壤重金属来源解析

城市化和经济发展快速的区域土壤质量问题受到广泛关注。作为贯穿城市的河流，其沿岸的城市化梯度变化具有代表性，我们选择位于中国长三角城市群的宁波市樟溪河沿岸的土壤展开研究。共收集了 30 个土壤样本用于分析 Cr、Ni、Cu、Zn、As、Cd、Sb 和 Pb 等重金属元素。与 1990 年《中国土壤元素背景值》中得到的背景值相比，除各地区的 Ni 外，其余 7 种重金属的浓度均有显著增长。郊区的 Cu 浓度、核心区的 Zn 浓度、3 个梯度的 Cd 浓度，均高于二级水平的基值。尽管在《土壤环境质量标准（GB 15168–1995）》中没有可参考的值，Sb 浓度和 1990 年水平相比还是有显著的降低。经过相关性分析、主成分分析、聚类分析和地理探测器模型等方法分析，结果表明相似来源金属元素可以分组：城市核心区分为 Cr-Ni-Cu、Cu-Zn-As-Sb、Cd、Pb 四组，郊区分为 Cr-Ni-Cu-Zn、As、Cd、Sb、Pb 五组，远郊地区分为 Cr-Ni、Cu-Zn-Cd-Sb-Pb、As 三组。该方法提供了更为细致的人为源解析：Cr-Ni 组在近郊区来源于金属工业排放；Cu-Zn-As-Sb 组在中心区来源于汽车金属工业，到近郊和远郊区后该组的来源主要是农业源的磷肥和杀虫剂；Cd 在中心区可能来源于电镀、冶金等行业的"三废"排放和交通工具排放，在近郊区来源与金属冶炼、污水排放、化肥使用和含 Cd 的水灌溉农田有关，在远郊区与农业和交通排放有关；Pb 在不同城市化梯度下主要来源均是汽车尾气。地理探测器模型和空间分析方法不仅验证了 PCA-MLR 方法的分析结果，分析了人为污染源的详细信息，而且量化了各影响因子间的交互作用力大小，为后续减排策略的制订提供更全面的依据。

（一）应用多元统计和地理探测器方法进行土壤重金属污染源解析的背景

土地作为城市稀缺资源，其数量和质量一直受到城市管理者的关注。城市中土地不同的利用类型和功能划分导致土壤环境产生变化，土壤污染情况也日益受到关注，如农田土壤污染可能导致粮食污染，并最终影响人类健康，更将影响其他生物、地下水和沉积物。在过去的几十年里，由于土壤污染并不会随时间减弱，故土壤的重金属污染研究得到广泛展开。重金属主要来源于自然（如岩石风化和土生作用）和人类活动（如城市工业扩张、化石燃料燃烧和农业生产等）。城市作为人类活动最剧烈的区域，研究不同城市化梯度下土壤重金属污染来源与其主要影响因子，可以为后续管理策略的制定提供理论和数据基础。

土壤重金属的空间分布通常依靠采样点数据和地统计学方法插值生成。多元统计与地理统计分析相结合，有助于识别影响重金属空间特征的影响因素，区分自然和人为来源。学者多使用相关分析、主成分分析（PCA）及其变换形式［如空间限制多元分析方法

（MULTISPATI-PCA）]、聚类分析（CL），结合不同插值方法（空间自相关、克里金插值及其变换形式和反距离加权），研究分析重金属源解析、空间分布不确定性评估、风险评估等问题。但地统计分析与多元统计分析相结合的形式较为松散，如 Chen 等（2016）基于土壤光谱信息改进克里金插值方法获得更精确空间制图后，又使用多元统计方法开展源解析研究。Lu 等（2012）将 PCA 方法所获得的主成分进行空间插值后进一步分析污染来源。Hou 等（2017）认为这种松散集成的方法也能进行重金属源解析，但还未能精确锁定特定的人类活动源，并指出未来在进一步加强地统计方法插值保证空间分布图精度的基础上，还应发展新的方法，使多元统计分析方法和地统计分析方法能紧密地结合在一起，为改良土壤修复策略提供更精确的指导意见。本研究所使用的地理探测器模型是一种利用地统计学原理基于空间分异性（异质性）的模型，能够考虑影响因子（自变量）与重金属空间分布（因变量）之间的空间相似性，还能了解各自变量间的交互作用，并且能够对类型变量进行定量分析，能与多元统计分析形成更为量化和精准的源解析方法框架，为阐明城市土壤重金属空间分布变化机理提供了有效的方法（Wang 等，2010）。

中国长三角城市群作为世界上城市化和经济增长最快的地区之一，其土壤污染问题逐渐呈现。由于长三角地区水量充沛，其农产品供给量较大，土壤污染将导致农产品质量出现风险。另外的威胁也来自经济发展带来的工业化污染排放。由于长三角城市群是多中心连片发展的，因此城市化梯度呈现密集的"高—中—低"反复交替变化，近郊区和远郊区土壤质量情况变化走向应得到城市管理者的关注。目前，国内外对城市周边土壤中重金属的浓度和空间分布进行了研究（Saby 等，2006；Ip 等，2007；Shi 等，2008；Hang 等，2009），但对城市化梯度过程中重金属分布和来源的研究仍十分必要。

因此，选择相对独立的宁波市樟溪河流域作为研究区，沿城市化梯度变化采集土壤表层样点，描绘重金属随梯度变化的空间分布。本研究共收集了 30 个土壤样本用于分析 Cr、Ni、Cu、Zn、As、Cd、Sb 和 Pb 等重金属元素，通过使用多元统计方法中的相关性分析、PCA 和 CL 分析方法与地理探测器模型相结合，以调查研究区土壤重金属污染现状和确定重金属污染的可能来源和影响因素。本研究所提出的方法使多元统计方法和地统计方法相辅相成，可为土壤保护政策的制定提供更准确的指导。

（二）数据获取和分析方法

1. 研究区域——宁波樟溪河流域

浙江宁波位于中国的东南沿海长三角城市群区域。地势西南高，东北低。属亚热带季风气候，温和湿润，四季分明。多年平均气温 16.4℃，多年平均降水量为 1480mm 左右，多年平均日照时数 1850h。宁波是浙江省八大水系流域之一，河流有余姚江、奉化江、甬江，余姚江发源于西北部绍兴市上虞区梁湖；奉化江发源于南部奉化区斑竹。发源地离宁波市区较远，途经城市区域较多。两江在宁波市区"三江口"汇成甬江，流向东北入东海。而樟溪发源于宁波市区西部的四明山腹地，距离宁波市区较近，流经区域内经历了宁波市的远郊、近郊和城市中心区后在鄞江镇经古代著名水利工程——它山堰分流后，一路称为鄞江，向东注入奉化江；另一路则沿南塘河，进入宁波市区。樟溪河流经区域不受长三角城市群其他城市的影响，能更好地代表一个城市系统内经历的城市化不同阶段。2017 年，我们根据不透水面积比例将樟溪分为上游（远郊区）、中游（近郊区）和下游（中心区），并在沿线采集了 30个表层土壤样品。

2. 样品采集与测量

为获取有代表性的农田土壤样品，按照《土壤环境监测技术规范》（HJ/T166-2004）进行土壤样品采集和保存。首先，采样点的自然景观应符合土壤环境背景值研究的要求。采样点选在被采土壤类型特征明显、地形相对平坦稳定和植被良好的地点。坡脚、洼地等具有从属景观特征的地不设采样点；采样点以剖面发育完整、层次较清楚、侵入体为准，不在水土流失严重或表土被破坏处设采样点；不在多种土类、多种母质母岩交错部分和面积较小的边缘地区布设采样点。其次，混合样的采集参照以下梅花点法，该方法适用于面积较小和地势平坦的地块，土壤组成和受污染程度相对比较均匀的地块设分点 5 个左右。最后，尽量用竹片或竹刀去除与金属采样器接触的部分土壤，再用其取样。

记录采样点位地理坐标、海拔、坡度和土地利用类型等，并拍照。当天采集的样品，带回实验室风干，过 0.850mm（20 目）筛子，用于测定 pH 和 CEC；过 0.150mm（100 目）筛子，用于测定有机质、重金属。准确称取 0.2g（精确至 0.0002 g）试样于消解管中，加入 6 mL 硝酸（优级纯）、2mL 盐酸、1mL 氢氟酸，于通风橱内的电热板上 80° 预热 20min；取出后按要求放入微波消解仪中消解；消解结束后，取下稍冷，置于通风橱内的加热板上并开盖，温度设定为 140°，赶酸 3h 左右能肉眼看见管底即可；取出后冷却片刻，将消解液转移至 50mL离心管中，并用超纯水定容至 30ml，摇匀，ICP-MS 测定。

3. 数据统计分析

Hou 等（2017）综述了区域尺度土壤重金属污染分析方法，指出土壤重金属分布空间制图所使用的方法主要有克里金插值（Kriging）及其变换方法和反距离加权（IDW）插值方法。Liao 等（2017）在对比分析了包括克里金及其变换方法、反距离加权等 6 种空间差值方法后，总结出了 IDW 适用于空间尺度大、空间自相关高和采样比例低的情况。Hou 等（2017）分析了发表文献的土壤重金属插值所用的采样点分布，统计结果显示，每平方千米采样点密度在 0.0004—6.1 个，平均有 0.4 个。在分布空间变化较小区域可采用较低密度采样，在较高区域应采取较高密度。如 Li 等（2004）使用的 3.2 个 /km², Lee 等（2006）使用的 3.7 个 /km²。根据这一结论，我们沿樟溪河两边缓冲 1km 范围作为插值的研究区域。使用 Arcmap 软件进行交叉验证。

4. 多源数据集成和地理探测器方法

使用地理探测器（Geodetector）方法，按照不同城市化梯度，分析导致重金属空间分布的单个主导驱动因子影响力大小，通过其给出的 F 检验的 P 值来确定显著性。影响力——q 值（公式 2-1）越高说明该影响因子与重金属浓度之间的类同程度，也就是空间相关性越高。

$$q_x = 1 - \frac{\sum_{p=1}^{m} n\sigma_{D,P}^2}{N\sigma_{D,z}^2}$$ 公式 2-1

式中，q_x 表示各影响因子的决定力指标；假设 D 为一种潜在影响因子，n 为影响因子 D 的子区域内的样本数；N 是整个区域样本数；m 为影响因子个数；$\sigma_{D,P}^2$ 是被解释变量在 D 子区域的方差；$\sigma_{D,z}^2$ 代表在整个研究区的离散方差。假设 $\sigma_{D,z}^2 \neq 0$，模型成立，q_x 取值区间为 [0，1]，则：

$$q_x = 1 - \frac{各分区离散方差之和}{重金属浓度总体离散方差}$$

其越大说明解释变量因素对被解释变量的影响越大。

传统统计分析中认为显著的交互作用会扭曲主效应结果，因此需要通过对显著的交互作用因子进行简单效应分析，检验是否夸大了单因子分析下显著因子的影响力。地理探测器分析两两因子的交互作用是比较 X 因子和 Y 因子的影响力之和与 $X \cap Y$ 的影响力，比较的结果包括线性或非线性的相互增强、减弱和两两独立。$X \cap Y$ 是指将 X 因子和 Y 因子重叠产生的新因子，即两个因子的交互作用。地理探测器软件分析的是新因子与被解释变量之间的类同性，与传统统计分析的假设和检验方式不同，其结果可作为保留效应修饰因子——单个影响力小但能产生主导交互作用因子的筛选标准。当单个因子直接作用较大，并且与其他因子交互作用产生也较大的时候，应为主导因子。

地理探测器特别擅长分析类型数据，对于连续型驱动因子数据，使用自然詹金斯分类方法区分不同分层的因子。本研究在已有研究的基础上，主要分析了影响重金属的主要因素，包括地形地貌（从高程数据提取的海拔、边坡位置、边坡方向和坡度）、土壤特性（pH、铵离子浓度、硝酸根浓度、有机质、土壤类型、土壤腐殖质深度和土壤生境指数）和绿地特性（面积、优势种和林龄），人为活动〔2016 年土地利用图和 2016 年 NPP- 可见光红外成像辐射计数据（NPP-VIIRS）提取出的一级和二级土地利用类型、农业区域、工业区域、交通区域、农村居住面积和夜间光照强度〕。这些因素取自 5 个不同的来源：数字高程图提供了地形指示；土壤和绿地特征是从收集到的 30 个样品和宁波林业局的 2016 年森林管理规划清单（FMPI）中的森林特征（斑块面积、林龄和优势种）和土壤特性（土壤深度、腐殖质深度和和生境指数）中发现的；土地利用地图包含 6 个一级类型（农业用地、草地、森林、水体、城市和未利用土地），17 个二级子类型将一级类型划分为更详细的功能区。

（三）多元统计分析方法和地理探测器的分析检测结果

1. 重金属在城市化梯度过程中的空间分布

研究区表层土壤 Cd、Ni、Cu、Zn、As、Cd、Sb、Pb 浓度的反距离加权（IDW）插值空间格局如图 2-16 所示，精度如表 2-4 所示。如果预测误差是无偏的，则平均预测误差应接近于零。图 2-17 展示了 Cr 和 Ni 的高值区域位于近郊的耕地区域，且离主干道 S34 较近。Cu 和 Zn 的高值在 3 个不同城市梯度皆有分布，但远郊大部分点位数据较低，中心区的高值分布在交通干道、汽车工业区；土地受到污染的工厂，近郊高值区分布在工业园区附近，远郊分布在茶厂附近。As 和 Sb 的高值主要分布在中心区且离工厂功能区（汽车工业区）较近。Pb 在近郊区的高值出现在海曙区黄隘村附近，该地点邻近宁波市轨道交通集团有限公司总部，周围也有印染厂和机械厂。Cd 在中心区的高值主要分布在道路和高架桥梁附近，邻近特种钢厂，江东北路附近曾经是个土地受到污染的工厂，远郊区的高值区位于茶厂和耕地区域、高速边的农田区域。

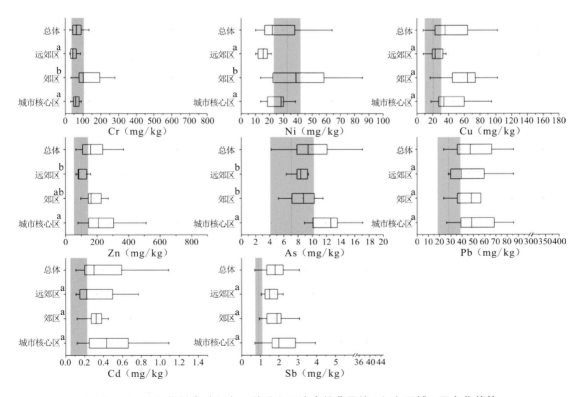

图 2-16　城市化梯度过程中 8 种重金属浓度的背景值（红色区域）及变化趋势

表 2-3　空间插值的精度评估

	Cr	Ni	Cu	Zn	As	Cd	Sb	Pb
平均预测误差	−2.3668	−0.1954	0.1942	1.0176	0.1171	0.0022	−0.0927	−1.1284
均方根误差	72.9	14.8	27.4	14.6	3	0.3	5.5	54.3

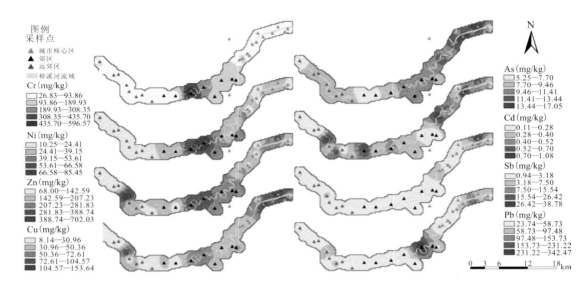

图 2-17　不同城市化梯度下土壤重金属含量

2. 地理探测器模型分析结果

表 2-4 展示了城市核心区中 17 个因子对 8 种重金属浓度的贡献。土壤特性是主要影响因素。具体地说，中心区 Cr 和 Ni 的影响因子力变化接近，主要影响因子为土壤因子（NH_4 为最大）和人类活动因子中二级土地利用和夜间光照较大。Cu-Zn-As-Sb 组中 Cu 主要影响因子是土壤的有机质和 pH，二级土地分类和夜间光照；Zn 地形（海拔、PX 和 PW）、绿地面积和土地利用一类影响较大；As 主要影响因子是土壤（有机质、土壤类型、NH_4 和 NO_3）、土地利用二级分类；Sb 是土壤（pH，OM，土壤类型和土层厚度）并受地形影响也较大。Cd 土壤（NO_3 和有机质，土壤类型、土层厚度）影响较大。Pb 是土壤（有机质和 pH）。

近郊区 Cr-Ni-Cu-Zn 组影响因子变化趋势较为一致，都被土壤（NH_4、有机质、NO_3 和土壤类型），地形和二级土地分类支配。As-Pb 组中 As 主要影响因子是 NH_4、NO_3 和土壤类型、夜间灯光影响较大，Pb 主要影响因子是 NH_4、NO_3、有机质、夜间灯光和农田面积。Cd 主要影响因子是 NH_4、NO_3 和农田面积、有机质。Sb 主要影响因子是有机质、NO_3、土壤类型、夜间灯光、土地二级分类。

表2-4 17个环境因子对8种重金属浓度的贡献

城市化梯度	重金属	SDi	SPo	SDe	Ele	pH	NH₄⁺	NO₃⁻-N	OM	ST	HD	SI	GLAr	DS	Ag	1CLU	2CLU	AAr	Iar	Tar	RRL	NTL
城市核心区	Cr	0.095	0.095	0.101	0.002	0.043	0.555	0.213	0.193	0.272	0.115	0.037	0.022	0.015	0.027	0.018	0.194	0.065	0.001	0.038	0.024	0.162
	Ni	0.087	0.087	0.094	0.000	0.018	0.657	0.162	0.134	0.220	0.100	0.021	0.025	0.013	0.026	0.033	0.173	0.084	0.001	0.040	0.009	0.114
	Cu	0.002	0.002	0.001	0.002	0.094	0.078	0.036	0.221	0.033	0.006	0.014	0.006	0.016	0.021	0.015	0.102	0.035	0.002	0.018	0.012	0.263
	Zn	0.156	0.156	0.151	0.000	0.435	0.378	0.144	0.376	0.298	0.168	0.040	0.015	0.026	0.023	0.010	0.075	0.006	0.002	0.010	0.002	0.095
	As	0.072	0.072	0.070	0.000	0.079	0.169	0.147	0.396	0.180	0.077	0.035	0.011	0.028	0.022	0.084	0.150	0.090	0.001	0.005	0.003	0.025
	Cd	0.042	0.042	0.047	0.000	0.030	0.032	0.124	0.088	0.056	0.057	0.006	0.004	0.026	0.012	0.013	0.046	0.021	0.001	0.003	0.007	0.106
	Sb	0.156	0.156	0.150	0.000	0.373	0.038	0.095	0.161	0.157	0.156	0.006	0.006	0.014	0.014	0.002	0.091	0.001	0.002	0.011	0.005	0.333
	Pb	0.013	0.013	0.012	0.001	0.156	0.085	0.085	0.182	0.101	0.013	0.022	0.004	0.020	0.010	0.002	0.026	0.001	0.004	0.015	0.035	0.015
近郊	Cr	0.163	0.179	0.163	NA	0.008	0.383	0.164	0.124	0.188	0.162	0.032	0.001	0.026	0.015	0.010	0.107	0.023	0.001	0.003	0.018	0.075
	Ni	0.079	0.110	0.079	NA	0.050	0.445	0.150	0.190	0.117	0.085	0.035	0.001	0.039	0.019	0.010	0.073	0.004	0.002	0.006	0.015	0.069
	Cu	0.060	0.113	0.060	NA	0.052	0.361	0.140	0.289	0.131	0.082	0.048	0.002	0.056	0.015	0.008	0.073	0.014	0.000	0.004	0.018	0.017
	Zn	0.058	0.096	0.058	NA	0.036	0.343	0.164	0.284	0.121	0.079	0.035	0.002	0.052	0.013	0.007	0.062	0.010	0.000	0.008	0.019	0.023
	As	0.004	0.065	0.004	NA	0.003	0.600	0.169	0.041	0.115	0.026	0.052	0.000	0.073	0.011	0.000	0.061	0.050	0.001	0.004	0.016	0.104
	Cd	0.015	0.029	0.015	NA	0.072	0.699	0.350	0.122	0.097	0.018	0.016	0.000	0.065	0.013	0.010	0.054	0.101	0.003	0.005	0.022	0.017
	Sb	0.086	0.102	0.086	NA	0.030	0.072	0.202	0.251	0.102	0.088	0.016	0.003	0.030	0.007	0.005	0.103	0.026	0.002	0.003	0.004	0.268
	Pb	0.015	0.036	0.015	NA	0.022	0.425	0.219	0.198	0.031	0.022	0.016	0.001	0.025	0.009	0.003	0.047	0.213	0.000	0.005	0.010	0.407
远郊	Cr	0.043	0.048	0.057	0.191	0.583	0.217	0.337	0.143	0.006	0.020	0.042	0.082	0.136	0.055	0.123	0.200	0.090	NA	NA	0.046	0.075
	Ni	0.059	0.064	0.076	0.225	0.519	0.416	0.420	0.174	0.004	0.027	0.049	0.106	0.157	0.055	0.156	0.242	0.192	NA	NA	0.046	0.103
	Cu	0.010	0.063	0.014	0.054	0.314	0.114	0.036	0.092	0.001	0.001	0.004	0.016	0.076	0.055	0.066	0.111	0.017	NA	NA	0.206	0.008
	Zn	0.010	0.054	0.012	0.054	0.361	0.122	0.041	0.070	0.001	0.002	0.013	0.012	0.084	0.052	0.058	0.108	0.025	NA	NA	0.187	0.008
	As	0.013	0.085	0.073	0.069	0.608	0.391	0.025	0.353	0.000	0.005	0.031	0.018	0.087	0.033	0.177	0.193	0.030	NA	NA	0.111	0.003
	Cd	0.023	0.025	0.056	0.142	0.563	0.077	0.066	0.111	0.001	0.002	0.098	0.030	0.130	0.044	0.051	0.135	0.047	NA	NA	0.097	0.002
	Sb	0.014	0.043	0.018	0.088	0.513	0.134	0.007	0.055	0.000	0.001	0.049	0.012	0.113	0.056	0.064	0.115	0.023	NA	NA	0.170	0.006
	Pb	0.012	0.033	0.020	0.084	0.467	0.158	0.055	0.076	0.003	0.004	0.072	0.049	0.125	0.050	0.058	0.124	0.049	NA	NA	0.173	0.001

注：SDi 表示坡度方向，SPo 表示坡度位置，SDe 表示坡度斜率，Ele 表示海拔，ST 表示坡度斜率，HD 表示腐殖质深度，OM 表示土壤有机物，SI 表示场地指数，GLAr 表示绿地区域，DS 表示优势种，Ag 表示优势种的年龄，1CLU 表示一级土地利用分类，2CLU 表示二级土地利用分类，AAr 表示农业区，Iar 表示工业区，Tar 表示运输区域，RRL 表示农村居民点用地，NTL 表示夜间灯光值。黑体数字代表前五大因素。

远郊区 Cr 和 Ni 的影响因子力变化接近，主要影响因子是土壤（pH、NH_4、NO_3 和有机质）和土地利用类型、优势树和农林地面积；As 主要影响因子是 PH、NH_4 和有机质、2 种土地利用类型，但农林地面积影响较小，农村居民点面积影响较大。Cu，Zn，Sb 变化接近，主要影响因子是土壤（pH、NH_4）、农村居民点面积和土地利用二级支配。Cd 和 Pb 变化接近，且与 Cu–Zn–Sb 组接近，影响因子为土壤的 pH 和农村居民点、土地利用二级、优势树。

总之，中心区中 Cr–Ni 组影响因子除了自然因子外，还在一定程度上受到人类活动因子的影响。Cu–Zn–As–Sb 组的影响因子有所差异，说明中心区该组重金属虽然来源相近，但还是有所不同。近郊区 Cr–Ni–Cu–Zn 组、As–Pb 组影响因子较为一致，既有自然因子也存在人类活动因子。Cd 的影响因子主要为土壤属性和农田面积，Sb 则还存在其他人类活动因子的贡献。远郊区的不同分组情况又一次得到证实，说明远郊影响因子较为简单容易判断。

从地理探测器给出的两两因子交互作用结果（图 2-18）看，在近郊区因子交互作用呈非线性增强的组合较少，在城市中心区非线性增强超过 30% 的组合数量占主要部分，Cu 和 Sb 分别有 14 和 2 个组合非线性增强超过 100%，Zn 的非线性增强组合虽然是最多的达到 55 个，但均未达到 50%；在近郊区，除 Cd 和 Sb 外，其余金属元素均存在非线性增强超过 100% 的因子组合 1-4 个，在远郊区超过 100% 非线性增强的因子组合有 3-9 个，分别在金属 Cu，Zn，Cd，Sb 和 Pb 空间分布上。因此，可以说两两影响因子的非线性增强效果排序为：远郊区 > 中心区 > 近郊区。

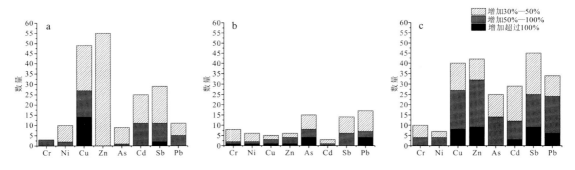

图 2-18　城市核心区（a）、郊区（b）和远郊区（c）的非线性增长组合数量

从表 2-5 看出，中心区非线性极强因子主要集中在 Cu 元素分布上，NH_4 和绿地面积与其他地形和土壤因子交互增强效果较大，Sb 元素仅有海拔和农地面积交互作用最大。Cu 元素极强因子繁多，表明其影响来源也更加复杂。

近郊区各元素的非线性极强交互作用较多，Cu–Zn–Ni–Cr 组中的各元素极强交互作用影响因子表现出相似性，主要集中在 pH 和 NO_3 因子之间的交互作用上，龄级与农田面积、土地利用大类之间的交互作用也非常大；pH、树种龄级和土地利用因子之间的非线性交互作用较强，As–Pb 组的极强交互作用因子除 pH 与 NO_3 之外，还有 pH 与 OM，土地利用大类和龄级的因子也有极强交互作用。

在远郊区，Cr–Ni 组两元素的相同极强交互作用因子为立地质量等级和土壤厚度、龄级，但 Cu–Zn–Cd–Sb–Pb 组的各元素极强交互作用影响因子也表现出相似性，主要为地形因子之间、地形和土壤因子之间、土壤因子和土地利用分类、绿地面积之间的交互作用。

表 2–5　非线性组合增加超过 100%

研究区域	重金属元素	互动效果组合
城市核心区	Cu	$SDe \cap SDi$; $SDe \cap SPo$; $NH_4^+ \cap SDi$; $NH_4^+ \cap SPo$; $NH_4^+ \cap SDe$; $NH_4^+ \cap pH$; $NH_4^+ \cap ST$; $NH_4^+ \cap HD$; $NH_4^+ \cap NO_3^- -N$; $GLAr \cap SDi$; $GLAr \cap SPo$; $GLAr \cap SDe$; $GLAr \cap NO_3^- -N$; $GLAr \cap HD$; $NO_3^- -N \cap LU1$
	Sb	$Ele \cap AAr$
近郊	Cr	$pH \cap NO_3^- -N$
	Ni	$pH \cap NO_3^- -N$
	Cu	$pH \cap NO_3^- -N$; $AAr \cap Ag$
	Zn	$pH \cap NO_3^- -N$; $LU1 \cap Ag$; $AAr \cap Ag$
	As	$pH \cap NO_3^- -N$; $pH \cap OM$; $pH \cap LU1$; $LU1 \cap IAr$
	Pb	$pH \cap NO_3^- -N$; $pH \cap OM$; $LU1 \cap Ag$; $SD \cap Ag$
远郊	Cr	$HD \cap SI$; $SI \cap Ag$; $RRL \cap OM$
	Ni	$HD \cap SI$; $SI \cap Ag$
	Cu	$SDi \cap SPo$; $SDi \cap SDe$; $SDi \cap HD$; $SDi \cap SD$; $SDe \cap SI$; $Ele \cap OM$; $pH \cap OM$; $LU1 \cap OM$
	Zn	$SDi \cap SPo$; $SDi \cap SDe$; $SDi \cap HD$; $SDe \cap OM$; $LU1 \cap OM$; $LU2 \cap OM$; $GLAr \cap OM$
	Cd	$SDi \cap SPo$; $SDi \cap HD$; $Ag \cap SPo$
	Sb	$SDi \cap SPo$; $SDi \cap SDe$; $SDi \cap HD$; $SDe \cap NO_3^- -N$; $SDe \cap OM$; $Ele \cap OM$; $GLAr \cap NO_3^- -N$; $OM \cap NO_3^- -N$; $LU1 \cap NO_3^- -N$
	Pb	$SDi \cap SPo$; $SDi \cap SDe$; $SDi \cap HD$; $SDe \cap OM$; $Ele \cap NO_3^- -N$; $Ele \cap OM$

注：SDi 表示坡度方向，SPo 表示坡度位置，SDe 表示斜率，Ele 表示海拔，OM 表示有机物，ST 表示土壤质地，HD 表示腐殖质深度，SI 表示场地指数，GLAr 表示绿地区域，DS 表示优势种，Ag 表示优势种的年龄；1CLU 表示一级土地利用分类；2CLU 表示二级土地利用分类，AAr 表示农业区，Iar 表示工业区；Tar 表示运输区域，RRL 表示农村居民点用地，NTL 表示夜间灯光值。

（四）重金属来源解析及比较

1. 污染来源解析

在宁波樟溪河沿岸 1km 范围内，随城市化梯度变化，其重金属来源也不相同。文献记载了 Cr-Ni 组的主要来源可能是交通污染物、工业、金属加工和降尘。在研究区中心地带，Cr 和 Ni 的含量均较低，其来源可能为自然源。根据地理探测器的分析结果表明，除自然源外，人类活动因子与其分布也较为相似。在近郊区，Cr-Ni 组含量较高，超过背景值，且根据相关分析、PCA 和 CL 分析方法确定其来源与 Cu-Zn 组类似。文献中认为 Zn 与冶金工业和积尘有关；Cu 与工业排放和城市垃圾有关。因此，判断为金属工业排放源。在远郊区，Cr-Ni 组与 As 来源类似，3 种重金属含量均不高，因此判断为自然源。

Cu-Zn-As-Sb 组在中心区的含量均较高，且来源相似。文献记载，As 与化工和钢铁工业相关。Sb 在自然界中含量较少，其化学性质与 As 相似，背景值小于 1mg/kg，但在中心区含量是背景值的 5 倍有余，增长幅度较大。Sb 及其化合物广泛应用于生产陶瓷、玻璃、电池、烟火材料、印染、油漆和阻燃剂的化工和医药领域。因此，该组污染来源可能是汽车金属工业。在近郊区，Cu-Zn 组、As 和 Sb 的来源并不相同，且除 Cu 外，平均含量均低于中心区，这可能是因为近郊 As 和 Sb 的工业来源占比下降，As 的来源可能主要是农业源。在远郊 Cr-Ni 组和 As 含量均较低，但来源不同，由于杀虫剂里含有 As，磷肥里有 As 和 Mn，因此，Cr-Ni 组在远郊可能是自然源，而 As 是农业源。Cu-Zn-Cd-Sb-Pb 组中，关于 Cu 和 Zn，有文献记载其不仅与工业排放有关，而且与农业肥料有关；Cd 和 Pb 可能主要来源于交通污染物积尘，且 Pb 在中心区均与其他重金属来源不同，由此可推断，其在不同城市化梯度下污染来源均为交通。

Cd 在中心区和近郊区与其他金属来源均不相同，且平均含量随城市化梯度下降而下降。根据记载，我们推测在中心区，Cd 可能来源于电镀、冶金等行业的“三废”排放，交通有关。在近郊区，与金属冶炼有关，与含镉的污水灌溉农田有关；在远郊区，与农业和交通源有关。

2. 用于土壤重金属源解析的 PCA-MLR 方法及地理探测器模型

环境中的重金属主要来源于自然岩石或沉淀物，此来源的重金属含量增长缓慢，但随着人类活动的干扰，环境中一种或多种重金属含量有可能加速富集，远超过自然环境中的背景含量，对人类健康、生态系统的元素产生风险。

传统 PCA-MLR 方法应用于重金属来源解析的应用已有较多报道。该方法能将有相似来源的重金属污染物进行分组，并根据排放清单里特征污染物的来源进行判断该组重金属可能的来源。许多研究成功地区分了自然源与人为源，但由于无法对人为来源进行更细致的定量分析，导致应用受到局限。近年来，将 PCA-MLR 融合 GIS 空间分析方法进行区域重金属源解析的方法逐渐兴起。方法将主成分分析所得的影响因子进行空间插值后寻找可能的人为排放源，并定量计算不同源的贡献程度。为了更好地提供减少重金属污染的策略，不可避免的需要改进的方法来获得更详细的影响因子分析。

根据地理探测器的理论，若重金属空间分布的某个影响因子的 q 值较大，则说明该因子是能决定其分布。也就是说该因子的空间分布与重金属空间分布相似性较高。Qiao 等（2017）用该因子与中国黄江县重金属迁移量的空间相关性证明了地理探测器模型用于确定土壤重金属含量影响因子的可靠性。本研究使用地理探测器模型分析中心区 Cr-Ni 组、近郊区 Cr-Ni-Cu-Zn 组和远郊区 Cr-Ni 组、Cd-Pb 亚组和 Cu-Zn-Sb 亚组影响因子较为接近。该分组方式既验证了 PCA-MLR 方法的分析结果，又提供人为源更详细的信息，为减排策略的制定提供帮助。对于 PCA-MLR 方法确定其他单金属为一组的分析结果，地理探测器模型也提供了可能的影响因子。而且，由于地理要素在空间上可能产生的交互影响作用，导致单因子对重金属空间分布的影响可能并非最重要的，两两因子之间的非线性增强交互作用可能是更重要的决定因子。地理探测器模型通过比较地理要素空间叠加产生的新要素影响力与原有要素影响力之和，提供了各因子的交互作用力大小的信息，为后续减排策略的制定提供更全面的信息。本研究结果表明，在中心区非线性增强极强的交互作用因子组合多出现在较弱的两个因子之间，如地形因子（q 值在 0.001—0.002 之间）和绿地面积（q=0.006），这可能是因为人类活动在中心区十分复杂；在近郊区极强交互作用组合则存在于强单因子与弱因子之间，如 NO_3 ∩ PH 交互，这可能是因为近郊区人类活动的影响来源是以农业活动为主，较单一的主要影响因子也成了主导；在远郊区交互作用强烈，且极强组合既有强单因子与弱因子（如 Cu 的 pH ∩ OM），也有两个较弱因子之间（如 SDI ∩ HD），这可能是因为远郊区受人类活动影响较小，且地形变化较大，因此其极强交互作用因子主要为地形之间、地形和土壤、地形和绿地属性。

参考文献

CHEN T, CHANG Q R, LIU J, et al. 2016.Identification of soil heavy metal sources and improvement in spatial mapping based on soil spectral information: A case study in northwest China [J]. Scienceof total environment，565:155-164.

XI RJ, LONG EN, YAO HY, et al. 2017.pH rather than nitrification and urease inhibitors determines the community of ammonia oxidizers in a vegetable soil[J]. AMB Express，7:129.

ZUO SD, DAI SQ, LI YY, et al. 2018. Analysis of heavy metal sources in the soil of riverbanks across an urbanization gradient[J]. International journal of environmental research and public health，15:2175-2197.

LONG XE, HUANG Y, CHI HF, et al. 2018.Nitrous oxide flux, ammonia oxidizer and denitrifier abundance and activity across three different landfill cover soils in Ningbo, China[J]. Journal of cleaner production，170:288-297.

LI YY, PAN FX, YAO HY. 2019.Response of symbiotic and asymbiotic nitrogen fixing microorganisms to nitrogen fertilizer application[J]. Journal of soils and sediments, 19（4）: 1948–1958.

LI YY, XI RJ, YAO HY, et al. 2019.The relative contribution of nitrifiers to autotrophic nitrification across a pH-gradient in a vegetable cropped soil[J]. Journal of soils and sediments, 19（3）:1416–1426.

SALVAGIOTTI F, CASSMAN KG, SPECHT JE, et al. 2008. Nitrogen uptake, fixation and response to fertilizer N in soybeans: A review[J]. Field crop research, 108（1）:1–13.

ASAGI N, UENO H. 2009.Nitrogen dynamics in paddy soil applied with various 15N-labelled green manures[J]. Plant andsoil, 322（1–2）:251–262.

KIERS ET, ROUSSEAU RA, WEST SA, et al. 2003.Host sanctions and the legume-rhizobium mutualism[J]. Nature, 425（6953）:78–81.

PEREZ-FERNANDEZ MA, LAMONT BB. 2016.Competition and facilitation between Australian and Spanish legumes in seven Australian soils[J]. Plant species biology, 31（4）:256–271.

DENISON RF. 2000.Legume sanctions and the evolution of symbiotic cooperation by rhizobia[J]. American naturalist, 156（6）:567–576.

第三章　长三角城市群典型退化城市植被生态重建与服务功能提升研究

一、长三角城市群可持续性评估与生态系统服务评估

（一）城市可持续发展评估

可持续发展应同时考虑"三支柱"或"三重底线"，即环境保护、经济发展和社会公平，这已成为学术界的共识（National Research Council，1999；World Commission on Environmentand Development，1987；Elkington，2004；Kates 等，2001）。协调环境、经济和社会在可持续发展中的关系是一个核心问题，这一问题的理解应借鉴"强可持续"和"弱可持续"的观点（Wu，2013；Daly，1995；Wu 和 Wu，2012）。这两种观点的主要区别在于如何对待自然资本和人造资本的可替代性。弱可持续性允许自然资本（如自然资源和生态系统）和人造资本（如机器、工具、建筑和基础设施）之间的相互替代。根据弱可持续性的观点，只要资本存量总量不减少，即使环境恶化，一个系统也是可持续的。然而，强可持续性认为自然资本和人造资本是互补的，环境可持续性应该得到保证。以环境恶化为代价的经济增长是不可持续的。强可持续性可以进一步分为两个子概念：一个否认可替代性，"无论有多少人在挨饿"都禁止生态系统的开发利用（Daly，1995），另一个则允许一定程度上的可替代性。这两个子概念，如戴利所说，分别被称为"荒谬的强可持续性"和"强可持续性"。显然，强可持续性和弱可持续性的概念对理解和评价可持续发展有很大影响（Wu，2013；Daly，1995；Ekins，2011；Ekins 等，2003；Wilson 等，2016；Huang 等，2015）。

据联合国（2017）的报道，中国 1978 年 17.9% 的居民生活在市区，2011 年占一半，2016 年占 57.35%，2050 年将占 77.5%。在空前的城市化进程中，特大城市的发展不仅代表了中国城市化的成就，而且带来了诸多问题（Huang 等，2016；Bai 等，2012；Zhao 等，2015；Wu 等，2014）。可持续性评估，从不同的角度，以不同的目的，描述环境、经济和社会的绩效。根据 Huang 等（2015）提出的定义，大多数单一的综合指数都是弱可持续性指数，包括城市发展指数（CDI）、真实发展指数（GPI）、真实储蓄指数（GS）、幸福星球指数（HPI）、人类发展指数（HDI）、可持续社会指数（SSI）和生态 / 生活质量指数（WI），而生态足迹（EF）、环境绩效指数（EPI）和绿色城市指数（GCI）是强可持续性指数。在这些

可持续性指数中，CDI、GPI、GS、HPI、SSI 和 WI 涵盖 3 个维度（即环境、社会和经济），EF、EPI 和 GCI 涵盖环境和社会维度，HDI 涵盖社会和经济维度。

根据以往的回顾和评估经验（Huang 等，2015；Huang 等，2016），采用了两个最广泛使用的指标，即用于强可持续性评估的生态足迹（EF）和用于弱可持续性评估的真实发展指数（GPI），来评估 1978 年至 2015 年中国十大城市的可持续性。通过比较此案例中 EF 与 GPI 评估方法和结果的差异，试图找出强可持续性与弱可持续性的区别，探讨如何更好地解释可持续性评价结果。

1. 城市选择

根据城市在区域的代表性和数据可得性，我们选取了 10 个特大城市，市区人口超过 500 万。十大城市都是省会城市，分布在中国的 4 个地区：西部地区（成都、重庆和西安）、中部地区（武汉）、东部地区（北京、广州、南京、上海和天津）和东北地区（沈阳）（Huang 等，2016）。中国与北美或欧洲城市不同的是，前者指的是都市区域，包括城市地区和农村地区；同时，城市人口指的是常住人口，并非户籍人口，因为前者更能真实地反映城市的资源使用与废物排放情况。

2. 指标选择

GPI 通过增加收益和减去 GDP 剩余成本来衡量经济福利（Kubiszewski 等，2013；Wen 等，2008）。消费者支出是 GPI 计算的起点。经济和社会的利益，及经济、社会和环境成本能够增加（或减少）消费支出。值得注意的是，由于中国的城乡双重土地制度，所以该研究分别计算了城乡地区的基尼系数。生态足迹（EF）衡量资源消耗和废物处理的环境压力，生物承载力（BC）衡量可承受这种环境压力的生物生产性土地和海域的数量（Rees 等，1996）。本研究采用全球足迹网络的计算框架（Borucke，2013）来设定平均世界产量、碳排放因子、碳吸收能力、当量因子和产量因子。碳排放因子基于中国的温室气体协议能耗工具（World Resources Institute，2013），根据《中国能源统计年鉴》的参数进行调整。产量因子采用省级规模（Liu 等，2010）。平均世界产量、碳吸收能力和当量因子由默认值设定（Xie 等，2008；Kitzes 等，2007）。GPI 和 EF 具体计算方法在 Huang（2015，2016）中有详细阐述。

社会经济数据主要来自各城市统计年鉴，如《中国城市统计年鉴》《中国能源统计年鉴》《中国新城市化报告》和《BP 世界能源统计年鉴》。环境数据来自每个城市的统计年鉴、中国科学院地理科学与自然资源研究所的《中国环境统计年鉴》。GPI 和 BC 的土地利用数据（1980 年、1990 年、2000 年、2005 年和 2015 年）来自中国科学院地理科学与自然资源研究所。

数据收集年份为 1978—2015 年。2012 年 12 月 1 日起，国家统计局实施了城乡一体化住户调查改革，统一了城乡居民收入名称、分类和统计标准。因此，总体而言，2012 年之后的城乡居民收入、支出和消费数据与之前的数据无法比较。但由于每个城市执行政策的快慢不同，各特大城市执行期主要位于 2013 年或 2014 年，由于来自新口径的数据较少，故本研究采用旧口径数据（表 3-1）。

表 3-1　十个特大城市指标起止年份

区域	城市	EF 开始至结束年份	GPI 开始至结束年份
中国东部	北京	1995—2014	1993—2014
	天津	1995—2015	1994—2013
	南京	1993—2013	2003—2013
	上海	1995—2013	1995—2014
	广州	1992—2013	1994—2013
中国西部	重庆	1997—2012	1997—2012
	成都	1993—2014	1992—2014
	西安	1997—2013	1998—2013
中国中部	武汉	1990—2013	1994—2013
中国东北	沈阳	1994—2014	1995—2014

注：起始年份：根据数据可得性、结束年份、根据城乡一体化住户调查改革前的旧口径数据。

3. 中国十大城市的可持续性比较研究

（1）中国十大城市的 EF 和 BC

在过去的 20 年中，10 个城市的人均 EF 总体呈增长状态（图 3-1a）。2010 年后，南京、武汉处在 3.8—4.5 全球公顷；广州、北京、天津、上海、沈阳基本处在 2—3 全球公顷；重庆、西安、成都小于 2 全球公顷。3 个西部城市在人均生态足迹的表现上明显优于其他地区城市，但是重庆在 2007 年后增长迅速，最稳定的是成都和西安。分析 EF 内部组成，生物资源消耗（即耕地、草地、林地、水域的生态足迹）历年总体增长（图 3-1b），除了北京较高外，近十年来其他城市基本平稳在 0.8—1.4 全球公顷。碳足迹中，涨幅最大的是南京、武汉，2013 年超过 3 全球公顷；而成都、西安稳定在 0.5 全球公顷以内（图 3-1c）。

2012 年（所有城市都有数据的最近年份），城市间的人均 EF 差别非常大，最大值达到 4.4 全球公顷（南京），最小值为 1.5 全球公顷（西安和成都）。而用总 EF 数据的城市排序与按人均 EF 排序相差较大，重庆、北京、上海排名前三，沈阳和西安排在末两位（图 3-2b）。碳足迹在人均生态足迹中贡献度最大，其次为耕地足迹、渔业用地足迹、草地足迹、林地足迹（表 3-2）。在加入常住人口变量后，对总生态足迹结果贡献最大的是碳足迹和耕地足迹，其次为渔业用地足迹、草地足迹、林地足迹（表 3-3）。

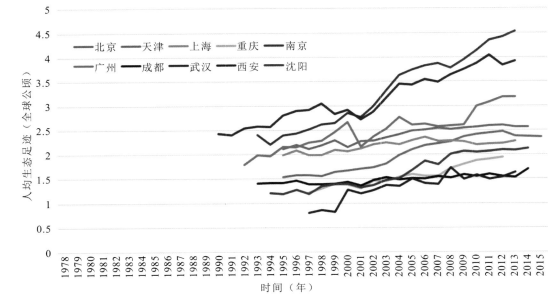

a

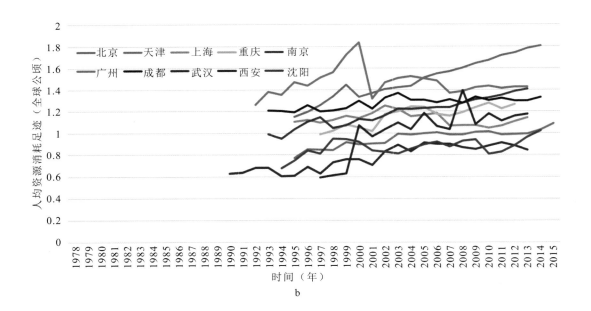

b

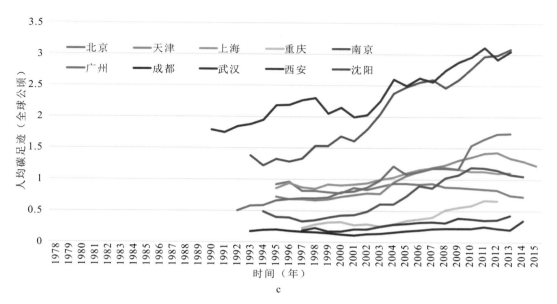

图 3-1　10 个特大城市的人均生态足迹（a）、人均资源消耗足迹（b）和人均碳足迹（c）
的时间动态

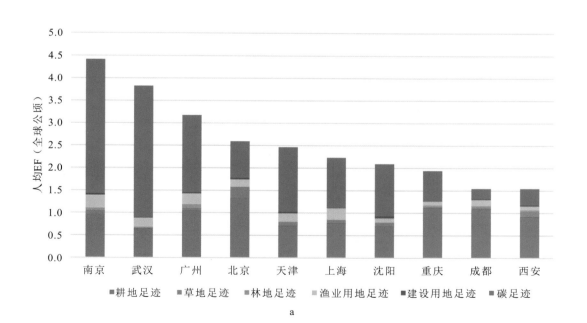

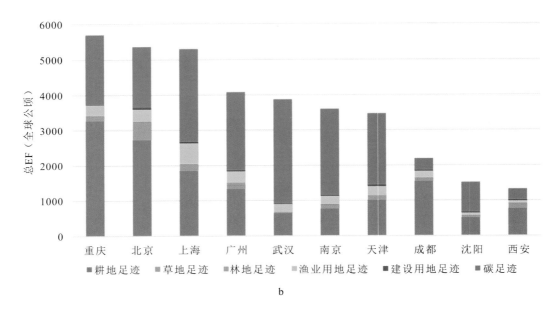

b

图 3-2　2012 年人均 EF（a）和总 EF（b）

表 3-2　逐步线性回归的系数

	非标准化回归系数		标准化回归系数	t	显著性
	B	Std. Error	Beta		
常量	0.046	0.003		13.426	0.000
碳足迹	1.001	0.001	1.014	957.455	0.000
耕地足迹	0.966	0.004	0.266	258.096	0.000
渔业用地足迹	0.989	0.010	0.114	99.594	0.000
草地足迹	1.162	0.013	0.083	86.639	0.000
林地足迹	1.079	0.026	0.044	41.444	0.000

注：人均 EF 是耕地足迹、草地足迹、渔业用地足迹、林地足迹、碳足迹（人均）和人口的因变量。

　　10 个城市的生物承载力差别较大，人均生物承载力最高值在 1980 年为 0.84 全球公顷（重庆），2000 年下降到 0.40 全球公顷。其他城市的生物承载力 1980—2015 年都有所下降，但没有重庆剧烈。2015 年按人均生物承载力从高到低排列为重庆、沈阳、南京、成都、武

汉、广州、西安、天津、北京、上海。大多数城市人均生物承载力处于 0.1—0.3 全球公顷，
远小于人均生态足迹。

表 3-3　逐步线性回归的系数

	非标准化回归系数		标准化回归系数		
	B	Std. Error	Beta	t	显著性
常量	22.920	1.188		19.299	0.000
碳足迹	0.999	0.001	0.578	1092.358	0.000
耕地足迹	0.995	0.001	0.569	1104.422	0.000
渔业用地足迹	1.032	0.006	0.106	181.290	0.000
草地足迹	1.115	0.007	0.081	161.084	0.000
林地足迹	0.898	0.023	0.017	39.139	0.000

注：EF 是耕地足迹、草地足迹、渔业用地足迹、林地足迹、碳足迹（总量）和人口的因变量。

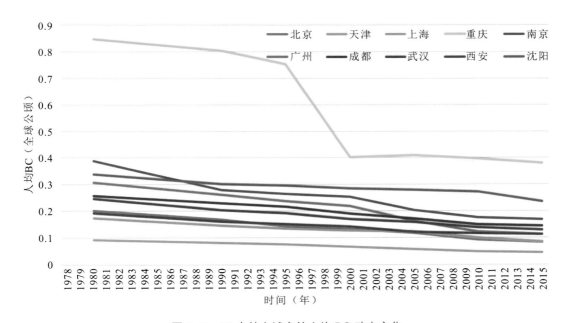

图 3-3　10 个特大城市的人均 BC 动态变化

（2）中国十大城市的 GPI 和 GDP

在过去几年中，10 个特大城市的人均 GPI 和人均 GDP 有所增长，但趋势不同（图 3-4a，b）。大多数城市的人均 GDP 在 1994 年以前（除上海外 1980—1986 年显著下降）稳定下来，并在 1994 年后急剧增加（图 3-4b）。与人均 GDP 不同，人均 GPI 1994—2005 年稳定，并在 2005 年之后增加（图 3-4a）。在过去的 20 年中，GPI 与 GDP 的比率变得更小（图 3-4c）。然而，这一比例近年来停止下降，甚至一些特大城市的比例开始略有增加。例如，北京、上海和沈阳的比例在最近 3 年有所增加。

2012 年这些城市的人均 GPI 表现相差较大（表 3-4）。GPI 与 GDP 比率的最小值为 14.6%（天津），最大值为 52.7%（重庆）。此外，GPI 组成成分的表现在 10 个城市中有所不同。例如，上海的经济成本占 GPI 的比例为 98.7%，南京的经济成本占 6.8%；南京的环境成本占 GPI 的比例为 95.0%，成都环境成本占的比例为 11.7%。大多数城市，社会效益在 GPI 中的占比很大。湿地和耕地损耗成本相对较低，10 个城市没有观察到老龄林的损耗。在所有 20 个指标中，消费者支出对 GPI 贡献最大，其次是收入分配不均衡的调整（城市）、休闲时间价值、不可再生资源消耗和通勤成本（表 3-5）。

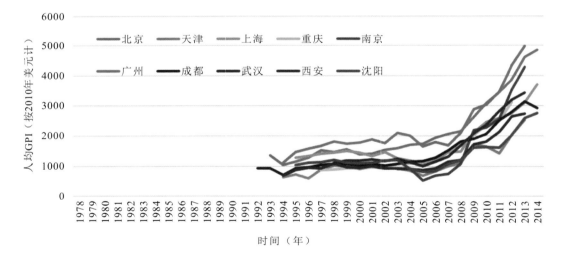

a

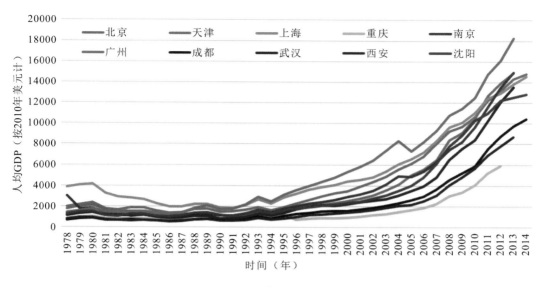

b

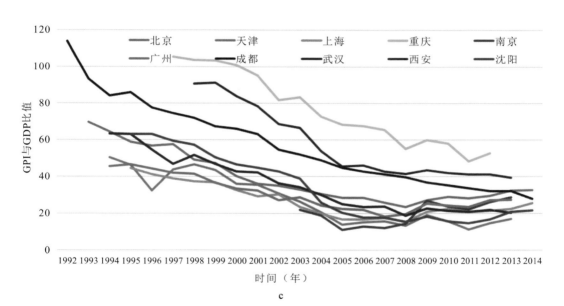

c

图 3-4　1978—2015 年期间，人均 GPI 时空动态变化（a）、人均 GDP 时空动态变化（b）、GPI 和
GDP 的比率变化（c）（人均 GPI、人均 GDP 以 2010 年美元计）

表3-4　2012年十大城市中的人均GPI及其组成因子

GPI起点		北京	天津	上海	重庆	南京	广州	成都	武汉	西安	沈阳
	消费性支出	4568.7	3430.3	5583.7	2072.0	4434.8	5761.7	2506.5	2639.2	2873.3	3303.0
经济	农村收入分配不均的调整	0.0	0.0	0.0	0.0	0.0	0.0	0.0	0.0	0.0	0.0
	城市收入分配不均的调整	-1567.9	-1380.6	-2619.1	-315.6	-237.3	-1307.8	-666.6	-508.1	-830.1	-1137.6
	耐用消费品成本	-94.8	-79.5	-101.9	-131.0	-6.8	-108.5	-74.4	-79.9	-104.3	-165.2
	经济成本占 GPI 的比重 (%)	-43.0	-72.0	-98.7	-14.3		-32.7	-26.6	-22.2	-29.3	-64.6
	耐用消费品服务	426.5	357.9	458.7	589.4	1067.9	488.4	334.8	359.5	469.4	743.5
	经济效益占 GPI 比重 (%)	11.0	17.6	16.6	18.9	30.4	11.3	12.0	13.6	14.7	36.8
社会	犯罪成本	-75.2	120.7	-141.5	-73.1	-91.5	-126.2	-64.9	-83.5	-58.2	-86.2
	汽车事故成本	-0.2	-0.4	-0.1	-0.1	-0.1	-0.1	-0.1	-0.1	-0.2	-0.1
	通勤成本	-685.8	-569.1	-528.8	-111.8	-306.7	-718.2	-265.1	-136.9	-235.8	-546.0
	离婚成本	-2.9	-2.2	-2.7	-2.6	-2.7	-2.0	-3.2	-2.4	-2.0	-3.1
	就业不充分成本	-4.7	-20.9	-18.3	-5.7	-7.3	-29.8	-13.5	-10.9	-13.8	-11.3
	社会成本占 GPI 的比例 (%)	-19.9	-23.3	-25.1	-6.2	-11.6	-20.2	-12.4	-8.8	-9.7	-32.0
	休闲时间价值	2191.9	1678.7	1266.8	1208.7	1704.2	1791.3	1027.5	1176.0	1286.5	346.7
	家务和养育的价值	250.2	252.7	223.9	421.3	267.9	209.5	320.4	282.6	284.7	318.2
	志愿者工作的价值	26.7	20.4	15.4	14.7	20.7	21.8	12.5	14.3	15.7	4.2
	社会福利与 GPI 的比例 (%)	63.8	96.2	54.6	52.8	56.7	46.7	48.8	55.6	49.7	33.2
环境	污染成本 (不含空气污染)	-252.3	-169.9	-85.9	-96.7	-501.1	-25.3	-49.2	-23.9	-25.2	-13.2
	大气污染成本	-250.2	-264.2	-245.5	-112.2	-256.3	-305.6	-166.2	-229.0	-147.8	-232.4
	湿地损失成本	0.0	-0.4	-0.1	0.0	-0.1	0.0	0.0	-0.1	0.1	0.0
	耕地损失成本	-0.4	-0.8	-0.7	-0.6	-1.0	-0.4	-1.4	-2.1	-1.9	-0.7
	老林损失成本	0.0	0.0	0.0	0.0	0.0	0.0	0.0	0.0	0.0	0.0
	不可再生资源的消耗	-632.2	-1304.3	-1014.3	-307.7	-2517.1	-1269.7	-93.7	-688.2	-305.1	-470.8
	长期环境破坏环境成本	-29.2	-39.2	-32.9	-34.8	-61.5	-46.3	-14.6	-58.7	-15.3	-30.8
	环境成本占 GPI 的比重 (%)	-30.1	-87.7	-50.0	-17.7	-95.0	-38.0	-11.7	-37.8	-15.5	-37.1
结果	常住人口 (万)	2069.3	1413.2	2380.4	2945.0	813.5	1283.9	1417.8	1012.0	855.3	822.8
	人均 GPI	3868.0	2029.3	2756.9	3114.1	3513.0	4332.8	2788.6	2647.5	3189.8	2018.2
	人均 GDP	13168.2	13905.7	12921.1	5904.5	13491.5	16085.9	8748.9	12053.5	7779.9	12229.7
	GPI/GDP (%)	29.4	14.6	21.3	52.7	26.0	26.9	31.9	22.0	41.0	16.5

注：单位为美元，按 2010 年不变价计算，空格为缺失值。

表 3-5　逐步线性回归结果

	非标准化回归系数		标准化回归系数	t	显著性
	B	Std. Error	Beta		
常量	3.611	0.994		3.634	0.000
犯罪成本	1.001	0.004	0.057	247.309	0.000
耐用消费品服务	0.782	0.001	0.136	576.641	0.000
不可再生资源的消耗	0.998	0.001	0.385	1223.785	0.000
就业不充分成本	1.000	0.040	0.007	25.071	0.000
消费性支出	1.000	0.001	1.580	1601.695	0.000
城市收入分配不均的调整	1.001	0.001	0.672	1478.015	0.000
通勤成本	0.996	0.002	0.241	442.321	0.000
家务和养育的价值	0.981	0.003	0.057	318.043	0.000
污染成本（不含空气污染）	1.003	0.003	0.078	329.689	0.000
大气污染成本	1.030	0.007	0.094	149.287	0.000
休闲时间成本	1.012	0.001	0.629	1947.977	0.000
农村收入分配不均的调整	1.042	0.015	0.010	71.826	0.000
长期环境破坏成本	0.975	0.015	0.014	65.353	0.000

注：人均 GPI 是人均 GPI 20 个子指标的因变量。

（3）中国十大城市的人均生态足迹 – 人均真实发展指数

从人均生态足迹 – 人均真实发展指数散点图（图 3-5）来看，西部城市对环境影响相对较小。北京、广州和南京等城市，北京的人均 EF 增长幅度最小。尽管南京的人均 GPI 值很大，但其人均 EF / 人均价值远高于其他两个城市。设定人均 EF/ 人均价格低于 2.5 全球公顷，人均 GPI 超过 3000 美元（2010 年美元），仅西安（2012 年和 2013 年）、成都（2013 年）、重庆（2012 年）和上海（2013 年）达到了门槛。

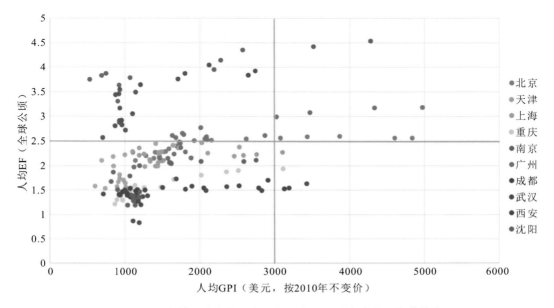

图 3-5　10 个特大城市的人均生态足迹 – 人均真实发展指数散点图

（4）中国十大城市的可持续性

将 EF 与 GPI 结合起来考虑，用 GPI 除以 EF，即每耗费 1 全球公顷的生态足迹能够产生的真实经济效益。可以看出，10 个城市每耗费 1 全球公顷生态足迹能产生 140—2102 美元（按 2010 年不变价美元）（图 3-6）。2005 年前 GPI/EF 总体呈下降趋势，但在 2005 年之后增长迅速，根据最近几年表现，由高到低排名为：西安、成都、重庆、北京、广州、上海、沈阳、天津、南京和武汉。将 GPI 中的人均环境损耗与人均 EF 比较发现，南京在两种评估中都表现较差，成都、西安、重庆、沈阳在两种评估中都表现较好，差别较大的是武汉，人均 EF 表现较差，但 GPI 的人均环境损耗表现较好（图 3-7）。

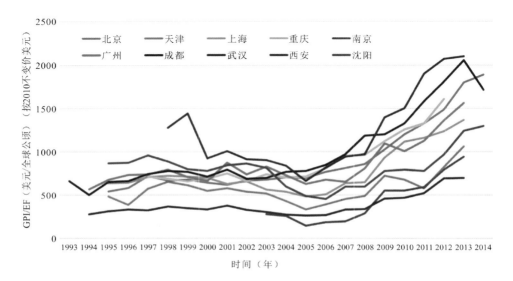

图 3-6　1993—2014 年 10 个特大城市的 GPI 与 EF 比率

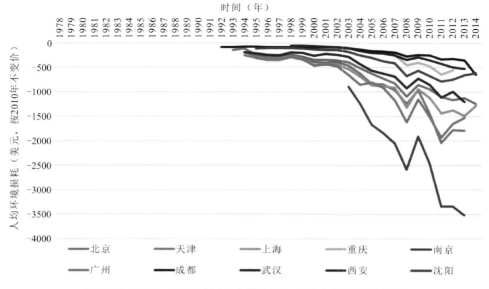

图 3-7　1978—2014 年 10 个特大城市 GPI 人均环境损耗值

4. 城市的可持续性评价指标 EF 与 GPI 的比较

生态足迹是个典型的强可持续性指标。生态足迹核算基于六项基本假设：①可以追踪人类消耗的大部分资源和人类产生的大部分废物；②这些资源和废物大部分可以用生物生产面积进行衡量；③所有生物生产面积都可以用标准化的公顷表示；④标准化公顷可累加至总人口需求；⑤生态供给也可以用标准化的公顷表示；⑥生物生产面积需求值可超过供给值，称为"生态超载"（Wackernagel 等，2002）。

根据这个假设，计算中需要全球平均产量、碳排放因子、碳吸收因子、均衡因子、产量因子，这5个参数因子对结果影响较大。就理论而言，除了全球平均产量是全球数据外，其他4个因子都应该根据评估地区实际情况进行设定。如果调整这些参数，随着特定区域的生物物理生产力的变化和碳处理技术的更新，EF 的结果将相应地改变。而在实际工作中，难有足够的数据来计算动态参数。这些都表明，EF 的计算结果不一定准确，而用变化趋势对城市可持续性进行评估更加准确。

GPI 涉及约 20 个指标，数据统计与计算方式在各个国家、区域、城市中都有所调整（Huang 等，2016；Wen 等，2007；Posner 等，2011；Costanza 等，2004；Venetoulis 等，2004；Zhang 等，2008；Anielski 等，2009）。因此横向比较能够作为参考，但不能以绝对值进行精细化的比较；纵向时间上的变化更能够看出一个地区在考虑社会、经济、环境收益与损耗后的真实发展状况。本研究应注意以下三点：①由于中国统计年鉴数据按照城乡二元土地制进行统计，"对分配不公的调整"中基尼系数只能按照城乡分开统计，所能反映的是城镇与乡村内部的收入不公平程度，这没有达到指标的本意，在 2012 年城乡一体化住户调查改革后的统计中，该问题会得以解决。②自 2000 年以来，大多数城市的通勤费用有所增加。例如，北京重度拥堵和中度拥堵的时间成本达到每天 90 分钟（Beijing Traffic Development Research Cente，2013）。本研究仅计算了交通拥堵的时间损失，额外能源消耗、环境污染、交通事故和居民健康的成本应该包括在内，却不包括在内，所以实际的交通堵塞损耗数值更大。③对于农田与湿地的损失，将减少的总面积乘以这些地区的年产量和生态价值得到损失成本，如果没有丢失，这一地区的值是可计算的。但由于价值和年度减少面积相对较小，相应的农田损失和湿地损失成本很小，所以对总 GPI 影响较小。因此，GPI 的价值显示了城市真实发展趋势，但需要对 GPI 的具体指标进行分析，才可得到较为全面的结果。

（1）EF 与 GPI 在评价结果中的差异

EF 和 GPI 的评估结果在某种程度上不具有可比性，评估结果甚至可能相反（图 3-1a 和 3-4a），假如直接由其结果判断某地区是否具有可持续性，是过于武断的，这需要对强、弱可持续性进行更加深入地分析。首先，强、弱可持续性关注的角度不同，以本研究的 EF 和 GPI 为例，前者侧重于人类对环境影响的过程，后者注重人对生态系统和环境影响的结果。我们曾在 Huang（2015）中提出，弱可持续性指标只要不用相等权重进行加权，那么其不一定非是弱可持续性。在 GPI 中，我们可以独立地看环境损耗。以南京和武汉为例，其在人均 EF 中表现均较差，但武汉在 GPI 的人均环境成本中表现较好，通过对下一级指标的分析，发现武汉与南京相比，前者污染治理成本较低。在 GPI 环境损耗中，大多数指标是根据损耗进行统计，只有污染治理成本是根据财政投入进行统计，投入少不代表污染不严重，假如有能够真实表现污染治理成本的数据，武汉的 GPI 的人均环境成本可能会与其在人均生态足迹中表现一致。

其次，EF 和 GPI 对数据的解读方式不同。以能源消耗与二氧化碳排放为例，EF 是将能源消耗产生的二氧化碳排放量换算为林地与草地面积；GPI 是分为两类，一种是计算不可再生资源（原煤、原油、天然气）的损耗量，二是利用二氧化碳、臭氧计算长期环境变化的成本。碳足迹是生态系统足迹中贡献度最大的组分，不可再生资源损耗是 GPI 中贡献度较大的组分（在 GPI 标准回归系数由大到小排名第四，在 GPI 环境损耗标准回归系数由大到小排名第一），若某城市在能源消耗方面较大，那么在 EF 和 GPI 的表现会较为一致。

（2）EF 与 GPI 共同评价的优缺点

为了避免弱可持续性指标的误判，建议在可持续性评估中，至少包括一个强可持续性指标集或者指标（Huang 等，2015）。从 GPI 与 EF 的比值可以看出，单位生态足迹下产生多少 GPI，可以作为 GPI 在效率方面的指标。著名的可持续性指标 HPI，就是每单位生态足迹下快乐生活的年份，快乐生活年份用生活满意度乘以预期寿命，体现了耗费多少东西才能产生幸福感，能够衡量将自然资源转化为人类福祉的效率，而 GPI/EF 衡量的是将自然资源转化为真实经济发展的效率。另一个较为有名的可持续性指标 WI，在强弱可持续方面比较特殊，假如最终评估结果用数字表示，则为弱可持续性；假如 WI 的两个方面——人类福祉与生态系统福祉——用"可持续性晴雨表"表示，两者都达到阈值才能判断其可持续性程度，则为强可持续性。根据这个观点，在 GPI 与 EF 的散点图中，若是能够为两者设定阈值，那么将有可能将强、弱结合的可持续性指数转为复合强可持续性指数。

该评估表明，所有城市的生态足迹都呈增长状态，而生物承载力呈下降趋势。3 个西部城市在人均生态足迹的表现上明显优于其他地区城市。在生态足迹组分中，碳足迹是人均生态足迹中比例最高的足迹组分。人均 GPI 与人均 GDP 发展趋势不同，人均 GDP 自 1994 年后迅速上升，人均 GPI 于 1994—2005 年前后总体平稳，2005 年后上升。对人均 GPI 影响最大的组分是居民消费。人均 EF2.5 全球公顷以下、人均 GPI3000 美元（按 2010 年不变价美元）以上的城市只有西安、成都、重庆、上海。从每耗费 1 全球公顷的生态足迹产生的真实经济效益来看，各个城市相差非常大。

（3）EF 与 GPI 评估方法的使用建议

通过该实例，分析 EF、GPI 在评估方法上的特点、评估过程与结果的差异，探讨是否能够共同评价，我们为强/弱可持续性指标的发展提出以下建议。

强、弱可持续性指标在评估中各有利弊，强可持续性指标能够基于环境维度、结合其他两个维度进行评估，在综合评估中必不可少；弱可持续性指标需要多种方法同时解读，不仅要在聚合后分析，同时要在聚合前分析。

某些弱可持续性指标可以进行强可持续性分析，比如给下一级指标设定阈值，或者通过图式方法突出环境指标从而进行强可持续性分析，或者将强弱可持续性指标组合为新指标。

　　强可持续性指标亟须发展，关键自然资本是一个有用的概念，有助于确定自然资本和人造资本在数量或空间上的可替代程度。

（二）长三角城市群生态系统服务供需分析

1. 长三角城市群生态系统服务评价体系和核算方法

　　生态系统服务供给指标构建，根据"千年生态系统评估"框架，并结合谢高地（2008）根据中国民众和决策者对生态服务的理解状况，提取 9 项生态系统服务功能（张彪等，2010）；生态系统需求采用 Villamagna 等（2013）学者的研究观点，综合考虑人类生活对于生态系统服务的消耗和偏好需求。

　　本研究以长三角城市群 2015 年土地利用遥感数据，并将其地类划分为耕地、林地、草地、水域、建设用地、未利用土地六大类，以及各省（直辖市）统计年鉴中的人口、经济、社会等数据为研究基础数据。

　　基于此，得到本研究的评价体系（表 3-6）。

表 3-6　评价指标体系

目标	一级指标	二级指标
生态系统服务供给	供给服务	食物生产价值
		原材料生产价值
	调节服务	气体调节价值
		气候调节价值
		水文调节价值
		废物处理价值
	支持服务	保持土壤价值
		维持生物多样性价值
	文化服务	提供美学景观价值
生态系统服务需求	土地需求	土地利用开发强度
	人口需求	人口密度
	经济需求	地均 GDP

　　对于生态系统服务供给核算，本研究采用价值当量法（谢高地等，2008），依托长三角地区的区域特征、生物特征、经济发展程度对当量系数进行修正，以得到符合长三角地区实

际情况的生态系统服务供给价值，具体修正公式如下：

$$n=\frac{a_i}{A_i}$$ 公式 3-1

式中，n 为修正系数；A_i 为全国均值；a_i 为长江三角洲均值。

测算得到，供给服务中耕地、林地、草地、水体的修正系数分别为 3.43、3.41、2.70、7.25；调节服务与支持服务的修正系数为 1.48；文化服务的修正系数为 15.30；由于建设用地所能提供的生态系统服务量极少，故不予计算。

表 3-7 长三角城市群单位面积生态系统服务价值 单位：每年元 /hm²

一级类型	二级类型	耕地	林地	草地	水体
供给服务	食物生产	1542.41	506.03	521.63	1725.61
	原材料生产	601.54	4569.71	436.73	1139.61
	小计	2143.95	5075.74	958.37	2865.22
调节服务	气体调节	478.83	2872.98	997.56	339.17
	气候调节	645.10	2706.73	1037.47	1370.00
	水源涵养	512.09	2720.03	1010.86	12482.87
	废物处理	924.41	1143.87	877.85	9875.90
	小计	2560.42	9443.62	3923.76	24067.93
支持服务	保持土壤	977.62	2673.47	1489.69	272.67
	维持生物多样性	678.34	2999.34	1243.64	2281.09
	小计	1655.96	5672.82	2733.33	2553.76
文化服务	提供美学景观	1168.09	14291.42	5977.69	2952.79
	小计	1168.09	14291.42	5977.69	2952.79
	合计	7528.43	34483.59	13593.15	32439.70

基于长三角城市群单位面积生态系统服务价值（表 3-7），按以下公式对长三角城市群各区县市生态系统服务总量进行测算赋值。考虑到各研究单元面积不同，利用单位面积生态系统服务价值反映各区县市的生态系统服务供给能力。

$$ESV=\sum_{i=1}^{n}VC_i\times\frac{u_i}{u}$$ 公式 3-2

式中，ESV 为评价单元生态系统服务价值（每年元 /hm²），n 为土地利用类型数量，VC_i 为第 i 种土地利用类型单位面积生态系统服务价值（每年元 /hm²），u_i 为第 i 种土地利用类型面积（hm²），u 为评价单元土地总面积（hm²）。

基于本研究所采用的理解方式，生态系统服务需求核算需考虑到生态系统服务需求的驱动因素及数据可获得性，选取 3 个经济社会发展指标（土地开发强度、人口密度、地均GDP）为表征。考虑到少数极发达地区人口与经济指标出现异常，故对这两个指标进行对数处理，以削弱极端数据对研究区域生态系统服务需求能力的评估。测算方式如下：

$$ESD = \log_{10} X_1 \times \log_{10} X_2 \times X_3 \qquad 公式\ 3\text{--}3$$

式中，ESD 表示生态系统服务需求，X_1 表示土地开发强度，X_2 表示人口密度，X_3 表示地均GDP。

2. 长三角城市群生态系统服务供需关系的构建

基于以上对于生态系统服务供给、生态系统服务需求的核算，引入 Z-score 方法进行数据标准化，两轴分别表征标准化后的生态系统服务供给值与需求值，分为四象限，分别代表高供给–高需求、低供给–高需求、低供给–低需求以及高供给–低需求等不同类型的生态区划。具体公式如下：

$$x = \frac{x_i - \overline{x}}{s} \qquad 公式\ 3\text{--}4$$

$$\overline{x} = \frac{1}{n} \sum_{i=1}^{n} x_i \qquad 公式\ 3\text{--}5$$

$$s = \sqrt{\frac{1}{n} \sum_{i=1}^{n} (x_i - \overline{x})^2} \qquad 公式\ 3\text{--}6$$

式中，x 表示标准化后生态系统服务供给（需求）值，x_i 表示第 i 个研究单元生态系统服务供给（需求）值，$\overline{x}$ 表示长三角城市群平均值，s 表示城市群标准差，n 为研究单元数。

3. 长三角城市群生态系统服务供需分析

（1）长三角城市群生态系统服务供给空间特征分析

由长三角城市群各区县市生态系统服务供给价值分布（图 3-8）可知，总体而言，长三角城市群生态系统服务供给价值呈现从北到南逐渐升高趋势：其高值区主要包括研究区域浙江省南部、安徽省西南部，供给值基本超过 22335 元 /hm²，其中，淳安县生态系统服务供给值最高；低值区主要包括上海市、江苏省的东部、安徽省中西部，其中，最低值出现于上海市闸北区与静安区。长三角城市群生态系统服务供给能力与土地利用类型关系紧密，淳安县79% 为林地，建设用地仅为 10%；而上海市闸北、静安区几乎均为建设用地。

（2）长三角城市群生态系统服务需求空间特征分析

由图 3-9 可知，长三角城市群生态系统服务需求空间分布具有明显的区域性，长江入海口附近形成生态系统服务需求高值区，然后向外围递减。按照 GIS 中的自然间断点分级法（Jenks）将生态系统服务需求值划分为 5 个等级，111 个区县市处于 0—1 等级中，仅 17 个区生态系统服务需求处于等级 11—18 之间。其中上海市静安区需求值最高，为 17.70；内陆地区，特别是山区、郊区生态系统服务需求较低，其值普遍低于 1。

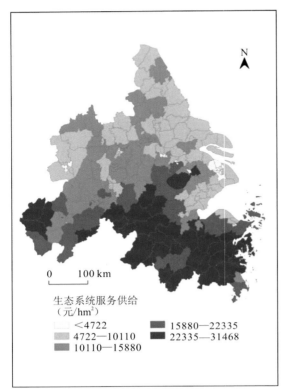

图 3-8　长三角城市群各区县市生态系统服务供给能力

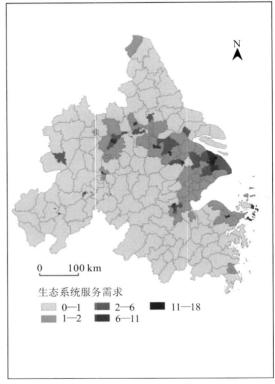

图 3-9　长三角城市群各区县市生态系统服务需求能力

（3）长三角城市群生态系统供需关系空间特征分析

通过 Z-score 标准化将各市的生态系统服务供给值与需求值进行关联，得到象限图。由图 3-10 可知，处于高供给－高需求区的区县市极少，仅有 4 个，绝大多数城市处于高供给－低需求区及低供给－低需求区，分别为 83 个与 71 个，几乎占研究总数的 3/4；剩下的 51 个研究单元处于低供给－高需求区。

以研究范围内省级（直辖市）行政边界为限：上海市作为全国的经济贸易中心，经济发展迅猛，土地利用开发超前，因此各区县市均处于低供给区域。江苏省各区县市中，以处于低供给－低需求区的研究单元为最，供需能力相对匹配，次多出现于低供给－高需求区，处于高供给区域的研究单元较少。浙江省的经济发展在长三角城市群中较为领先，但其较好地利用了现有的生态资源，在不破坏生态本底的情况下发展生态产业，因此仍然有较多的区县市出现于高供给区，其中高供给－低需求区主要出现在主城市的周边区县市，如杭州市的淳安县、富阳县、建德市、临安市、桐庐县等；还包括自然地理条件优越、生态本底良好、尚未开发地区县市也可提供较高的生态系统服务，如金华的磐安县、台州的仙居县及舟山的嵊泗县等。安徽省经济较其他 3 个省（直辖市）滞后，因此其处于生态系统服务需求低值区的区县市为多，以处于高供给－低需求区的区县市为最。

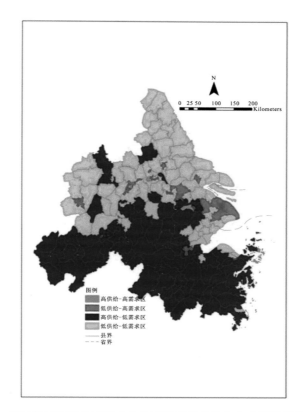

图 3-10　长三角城市群各区县市生态系统服务供给与生态系统服务需求分区

二、长三角城市群植被退化空间分析

（一）长三角城市群生态退化问题

1. 长三角城市群概况

长三角城市群位于中国东南沿海地区，其地理坐标为东经 116°29′ E—122°45′ E，北纬 27°14′ N—33°41′ N，是全国最大的城镇密集区。根据 2016 年国务院公布的《国务院关于长江三角洲城市群发展规划的批复》，长三角城市群由浙江省、江苏省、安徽省和上海市在内的 26 个城市组成，其发展规划目的在于促进产业升级和辐射带动周边区域和中西部地区发展，增强国家竞争力。地貌类型以平原为主，浙江和安徽南部为丘陵，整个区域的平均海拔范围为 –67—1693 m，平均海拔为 88m；属亚热带季风气候，年平均温度 14—18℃，年降水量 1000—1400 mm，大部分降水集中在夏季，植被类型以中亚热带常绿阔叶林为主。

长三角城市群是我国经济最具活力、开放程度最高、创新能力最强、吸纳外来人口最多的区域之一。该地区处于东亚地理中心和西太平洋的东亚航线要冲，是"一带一路"与长江经济带的重要交汇地带，在国家现代化建设大局和全方位开放格局中具有举足轻重的战略地位。2016 年，长三角 26 个主要城市 GDP 达 14.7 万亿，GDP 增速平均值超过 8.4%，高于全国平均水平 1.7 个百分点。其中，上海、苏州、杭州和南京经济规模破万亿。2016 年，长三角地区常住人口超 1.5 亿，占全国人口的 11%，常住人口与户籍人口差值约 2000 万，是全国人口流入最多的区域之一，人口支撑力强。长三角城市群综合经济实力强，科教与创新资源丰富，拥有普通高等院校 300 多所，国家工程研究中心和工程实验室等创新平台近 300 家，人力人才资源丰富，年研发经费支出和有效发明专利数约占全国的 30%。

长三角城市群 26 个主要城市在 2001—2015 的 15 年间城市扩张的平均速率为 1.8%，城市人口的快速增长在一定程度上促进了城市的经济发展和产业转型。然而，城市化进程的本质是一种强烈的土地利用变化，土地资源配置和变化驱动都与其密切相关，这使得城市化进程中表现出了诸多生态退化问题。

2. 长三角城市群生态退化问题

（1）城市建成区面积总量超出预期

城市的扩张造成了大量耕地和林地资源被占用，根据《中国城市统计年鉴》数据，2001 年全国建成区面积为 16221 km²，到 2015 年达到了 40941 km²，15 年间全国城市扩张速率约为 60.4%。

（2）城市扩张造成土地利用结构失衡

改革开放至今的 40 年内，中国的城市化水平从 1978 年的 18% 增加到了 2015 年的 56%，对我国的城市发展和土地利用现状都提出了严峻的挑战。根据中国科学院地理所提供的全国 1∶100 万土地利用数据分析，在 1980—2015 年间，全国共有 51085km² 的耕地和 7348km² 的林地转化为了建设用地。林地和耕地的减少所带来的一系列环境问题阻碍了城市的可持续发展。

（3）生态系统退化

根据环境保护部和中国科学院全国生态环境十年变化（2000—2010）遥感调查与评估发现，生态系统的人工化在这 10 年间与日俱增。其中，人工湿地和城镇面积显著增加，自然森林、沼泽湿地、自然草地面积持续减少，生态系统的人工化趋势进一步加剧。大量自然、半自然植被景观转化为城市景观，造成了农田和森林等植被资源的大量损失，植被覆盖率明显下降。根据《中国城市群发展报告（2016 年）》，长三角城市群的土地利用变化在中国三大城市群中（长三角城市群、津京冀城市群和珠三角城市群）最为剧烈。另外，由于水电资源需求量日益增加，我国河流生态系统也面临着巨大冲击，其表现出来的主要问题有河流断流、湿地丧失、水环境污染严重和生物多样性减少。

（二）长三角城市群生态环境评价

1. 城市生态环境评价方法

长三角城市群 2001—2015 年每 16 天一期的 MODIS3Q 遥感影像合成 NDVI 数据和 30 米精度的高程数据来源于美国航空航天局；南京、杭州、绍兴和马鞍山 2001 年和 2015 年遥感影像数据来源于 Landset7/Landset8。土地利用数据包括长三角城市群 2001 年和 2015 年 1：10 万土地利用分类数据（2015 年的土地利用数据来源于中国科学院地理所）。2001—2015 年每年的社会经济数据来源于《中国城市统计年鉴》。

归一化植被指数（NDVI）是由近红外波段和红光波段的差值、比值计算得出，并且会随着植被覆盖变化而变化，目前该植被指数作为一种遥感手段已经广泛应用于植被分析中。NDVI 具有植被空间覆盖范围广、植物检测灵敏度高和数据可比性强等多个优点，是多种植被指数中应用最多和最广泛的一种。我们运用国际上通用的最大化合成法（Maximum Value Composite，MVC）提出得到每一年植被覆盖最大值，该方法可以消除云、大气和太阳高度角的干扰。该方法假设每旬 NDVI 值最大的这天天气为晴朗，没有云层影像，将该天的 NDVI 值作为该旬的 NDVI 值，以此类推提取一年的 NDVI 最大值（周婷，2018）。使用最小二乘法线性回归分析计算每个栅格在 2001—2015 年植被覆盖变化的趋势，其计算公式为：

$$SLOPE = n \times \frac{\sum_{t=1}^{n} i \times NDVI_t - \sum_{t=1}^{n} i \sum_{t=1}^{n} NDVI_t}{n \times \sum_{t=1}^{n} i^2 - (\sum_{t=1}^{n} i)^2} \qquad 公式 3-7$$

然后对每个栅格进行置信度的检验，取 $P < 0.05$ 的栅格作为有效研究区域。图 3-11 为时间序列 NDVI 处理流程。以上数据处理过程在 ENVI5.1 软件中进行。

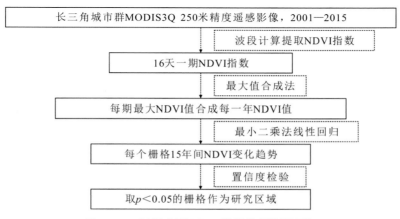

图 3-11　时间序列 NDVI 数据处理流程框架

2. 长三角城市群植被退化地区土地利用变化

分别将 2001 年、2015 年 1 ∶ 10 万土地利用图与长三角城市群 2001—2015 年植被退化
矢量图进行空间叠加分析，计算叠加分析后可得到 2001 年、2015 年植被退化地区每一类土
地利用类型的面积。空间叠加分析在 ArcGIS10.2 软件中进行。将空间叠加分析的结果保存
为文本格式，在 R 统计分析软件中制作出长三角城市群植被退化地区土地利用变化矩阵热图
（图 3-12 至图 3-16）。

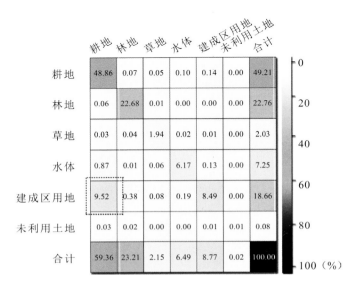

图 3-12　长三角城市群植被退化地区土地利用变化矩阵

图 3-13　南京植被严重退化地区土地利用变化矩阵

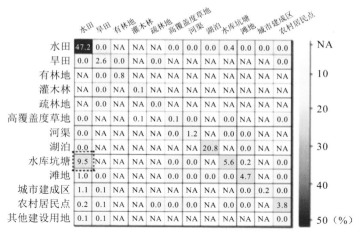

图 3-14　马鞍山植被严重退化地区土地利用变化矩阵

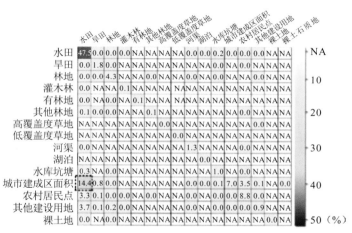

图 3-15　杭州植被严重退化地区土地利用变化矩阵

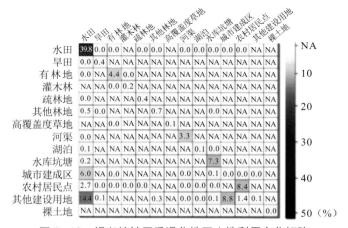

图 3-16　绍兴植被严重退化地区土地利用变化矩阵

（三）长三角城市群植被退化驱动力

在周婷（2018）的研究表明，目前相关研究都指出，人类活动、社会经济发展水平、降水和海拔等相关因素会导致植被覆盖变化。虽然由人类活动引起的土地利用变化通常作为引起植被退化的重要因素，但是现阶段这方面的量化评估研究还不多。相关文献表明人口密度、人均国内生产总值（Per capita gross domestic product，PGDP）、人均工业生产总值（Per capita gross industrial output，PIGDP）、城市绿地面积（Urban green space，UGS）、人均道路面积（Per capita area of paved roads，PCPR）等相关指标可以揭示城市化发展历程。

1. 社会经济和自然因素对植被覆盖变化的影响

我们选取了地区人口密度、城市人口（Urban population，UP）、农村人口（Rural population，RP）、国内生产总值（Gross domestic product，GDP）、PGDP、PIGDP、林业生产总值（Gross output value of forestry，FGDP）、UGS、城市公园绿地（Area of parks 和 green land，PGA）、地区耕种面积（Cultivated area，CA）、城市道路铺装面积（Area of city paved roads，RA）、PCPR、海拔高度（Average elevation of each city，ELE）、年平均降水（Annual average precipitation，PCP）、建成区绿化覆盖率（Coverage rate of built-up green areas，RGAC）相关指标，如表3-8。

表3-8　长三角城市群城市化相关指标

城市化指标	指标描述	平均数（标准差）
DP	地区人口密度（人/km²）	722.56（28.70）
UP	城市人口（10000人）	262.34（11.91）
RP	农村人口（10000人）	232.76（6.26）
GDP	国内生产总值（10000元）	26760036.76（1783719.57）
PIGDP	人均工业生产总值（10000元）	4.13（0.22）
PGDP	人均生产总值（10000元）	4.93（0.20）
FGDP	林业生产总值（10000元）	91380.02（8052.69）
PGA	城市公园绿地（hm²）	1860.23（147.65）
BUA	建成区面积（hm²）	15384.80（911.90）
CA	地区耕种面积（hm²）	231623.32（8387.47）
UGS	城市绿地面积（hm²）	10625.84（1065.31）
RA	城市道路铺装面积（hm²）	2588.06（158.66）
CRUGA	城市绿化覆盖率（%）	39.08（0.28）
PCPR	人均道路面积（m²/人）	12.26（0.28）
DEM	海拔（m）	88.00（4.94）
PCP	年平均降水（mm）	99.12（1.48）
RGAC	建成区绿化覆盖率（%）	38.13（0.33）

采用面板数据回归模型分析社会经济和自然因素对植被覆盖变化的影响。在 ENVI5.1 软件中计算长三角城市群每个栅格年平均植被覆盖率（Mean annual NDVI，MANDVI）。将长三角城市群 2001—2015 年每一年的 MANDVI 作为因变量，用逐步回归的方法挑选了表 3-8 中的城市化指标。将通过置信度检验（$p < 0.1$）的相关指标作为该回归模型的自变量，并且进一步检验了各个自变量之间是否存在多重共线性，取方差膨胀因子（Variance inflation factor，VIF）小于 5 的自变量作为最终的研究因子。2001—2015 年作为面板数据的时间序列，26 个城市作为截面数据，用稳健性方差检验（Robust test）对每个影响因素进行方差齐次性检验。面板数据回归模型的最终结果如表 3-9 所示。面板数据的分析过程在 Stata 14 中进行。

表 3-9　社会经济和自然因素对植被变化的影响

变量	相关系数	稳健性方差检验
RP	0.030***	0.015
UGS	−0.017***	0.007
PCPR	0.099***	0.022
AEL	0.007†	0.005
CA	−0.021***	0.008
PIGDP*PCPR	−0.009***	0.002
截距	0.965***	0.106

注：*** 表示 $P < 0.001$，* 表示 $P < 0.05$，† 表示 $P < 0.1$。

长三角城市群 2001—2015 年植被覆盖时空变化的分析表明，城市的经济发展水平和植被退化呈正相关。约占长三角城市群面积 40% 的地区都遭受了不同程度的植被退化，植被退化总体的趋势为城市群东北地区的植被退化程度高于西南地区；除了浙江南部地形为山地的区域，上海、江苏和浙江的退化程度比安徽高。

从农村到城市，植被退化的趋势逐渐上升，植被严重退化的绝大部分地区都发生在主城区。除上海外，江苏、浙江和安徽植被严重退化地区都发生在人口密集的大城市或者城市主城区。南京、马鞍山、杭州和绍兴地区存在明显的严重退化区域。

地理条件对植被的覆盖变化起着十分重要的作用，研究区域内高海拔地区的植被覆盖度远远高于平原地区。通过将植被退化矢量图和长三角城市群 2001 年、2015 年两期长三角城市群土地利用现状数据进行空间叠加分析，2001—2015 年间植被退化地区土地利用转化最迅速的用地类型在耕地和建成区用地之间。15 年间共有 9.52% 的耕地转化为建设用地。对植被严重退化的 4 个地区，即南京、马鞍山、杭州、绍兴的土地利用变化分析，得到 15 年间城市建设用地的变化是最大的，水体、农田和耕地在这 15 年间都不同程度地转化为城镇建设用地。南京共有 23.1% 的水田和 13.6% 的水库坑塘转化为建设用地，马鞍山共有 9.5% 的水田转化为人工农业设施用地，杭州共有 21.4% 的水田转化为建设用地，绍兴共有 23.1% 的水田转化为建设用地。

农村人口、海拔与植被年平均覆盖率显著正相关，农村人口的增加和海拔的增高会提高植被的覆盖度；城市绿地面积、耕地面积、人均工业生产总值和人均道路面积的交互效应与植被年平均覆盖率显著负相关，城市建成区面积的增加对植被覆盖具有负效应。

城市建成区面积和城市绿地面积成正比。随着城市化进程的加快，城市向周边扩张，在扩张过程中城市周围的植被和农田转化为建设用地。对于整个城市地区而言，城市扩张的速度越快，建成区面积越多，城市的植被覆盖率会相对减少。

2. 政策对植被覆盖变化的影响

对在生态公益林补偿政策覆盖地区临安进行多元回归分析，评估政策对植被覆盖变化的影响。多元回归分析的结果表明，重点生态公益林补偿政策和临安的植被退化显著负相关，生态补偿政策在植被恢复过程中起到积极的促进效应。除了生态公益林补偿政策对植被的影响外，临安重点森林保护区的植被也得到了恢复。虽然临安在 2001—2015 年植被覆盖总体呈现下降趋势，但是生态公益林补偿政策覆盖地区的植被下降速度和下降面积比例远低于政策未覆盖地区，可见生态补偿政策对植被保护具有重要作用。应加强与政府之间的沟通，进一步评估生态公益林补偿政策的绩效，使政策更好地发挥作用。

三、典型城市景观格局与生态系统服务关系研究

（一）长三角城市道路林带降噪与景观格局关系研究

1. 研究区域

选取长江三角洲地区 4 条纬度带（34.5° N、32° N、30° N、27.5° N）上包括绍兴诸暨市、杭州淳安县、杭州富阳区、宁波余姚市、连云港连云区、徐州丰县、上海崇明岛、南京玄武区、镇江润州区、温州苍南县、丽水庆元县等 11 个区县市。长江三角洲地区属于亚热带季风气候区，四季分明，土地及林业资源丰富，经济发展迅速，人员流动量大，随之而来的城市污染问题日趋严重。

2. 研究方法

（1）三维绿量

目前国内外对于城市或者城郊道路林带降噪效果研究主要集中在降噪林带植物配置模式、林带宽度、叶片形状与质量等物理参数、植被对于不同噪声频率的吸收效果等方面。噪声的衰减效果会因植物本身的树干表面显微结构及纹理不同而有差异，故而同种类型的植被

在不同生活阶段对噪声的衰减作用也不尽相同。三维绿量（living vegetation volume，LVV），也称立体绿量，是结合乔木冠幅、胸径等参数计算得到的综合指标，能够描述植被空间结构和定量研究城市森林与环境之间相关关系，对于林带结构差异描述更为确切。引入三维绿量来衡量林带降噪效果的影响因素，可以在一定程度上消除用同种类型的林带降噪率计算公式带来的误差。乔木的单株三维绿量为树冠绿量与冠下绿量之和，样地三维绿量由单株三维绿量累积获得，一般根据树冠形状来确定三维绿量计算公式。本研究中植被树冠类型基于调查时获取，同时综合参考《中国植物志》（http://frps.iplant.cn）、The Plant List（http://www.theplantlist.org）。研究区植被树冠类型与其对应的三维绿量计算公式如表3–10所示，其中 $x(m)$ 为平均冠幅、$y(m)$ 为平均冠高、$d(m)$ 为平均直径、$h(m)$ 为平均枝下高。卵形树冠的三维绿量（s）为树冠绿量（$s1$）与冠下绿量（$s2$）的和，其他树冠类型不计冠下绿量。灌木、草本的三维绿量计算公式参照王东良等（2013），以盖度与株高的乘积作为结果（表3–10）。

表3–10　研究区域植被树冠类型及三维绿量计算公式

树冠形状	树冠绿量计算公式	冠下绿量计算公式	树种
卵形	$s1=\pi x2y/6$	$s2=\pi d2h/4$	女贞（*Ligustrum lucidum*）、珊瑚树（*Viburnum odoratissimum*）、樟树（*Cinnamomum camphora*）、无刺枸骨（*Ilex cornuta*）、悬铃木（*Platanus orientalis*）、桂花（*Osmanthus fragrans*）
圆锥形	$m=\pi x2y/12$	不计冠下绿量	杜英（*Elaeocarpus decipiens*）、银杏（*Ginkgo biloba*）、龙爪槐（*Sophora japonica*）、广玉兰（*Magnolia grandiflora*）、水杉（*Metasequoia glyptostroboides*）、黄山栾树（*Koelreuteria bipinnata*）、合欢（*Albizia julibrissin*）、鹅掌楸（*Liriodendron chinense*）、茶花（*Camellia japonica*）、鸡爪槭（*Acer palmatum*）
圆柱形	$n=\pi x2y/4$	不计冠下绿量	垂丝海棠（*M.halliana*）、龙柏（*Sabina chinensis*）、枫杨（*Pterocarya stenoptera*）、石榴（*Punica granatum*）、栀子（*Gardenia jasminoides*）、海棠（*Malus spectabilis*）、连翘（*Forsythia suspensa*）、夹竹桃（*Nerium indicum*）、构树（*Broussonetia papyrifera*）、木槿（*Hibiscus syriacus*）
球形	$p=\pi x2y/6$	不计冠下绿量	海桐（*Pittosporum tobira*）、金边黄杨（*Euonymus japonicus*）

（2）道路林带附加降噪值的计算

结合绿化带降噪原理与降噪模型研究史来看，想要得到更为可靠的研究结果，所引用的降噪模型最好是能够综合考虑到林带各种林分参数指标的多变量非线性模型，并且该模型的研究区域最好能够与目标研究区域具备相近的地理位置与相似的自然环境条件。研究对象最好能够参考能综合考虑林带各种林分参数指标的多变量非线性模型，而该降噪模型研究区域与研究对象在具备相近的地理位置、相似的自然环境条件下，还具备以上条件获得的研究结果则更为可靠。本研究采用沈建章等（2017）在浙江长宜高速路段对不同树种构成在水平空间上对于交通噪声衰减作用的实验得出的绿化带噪声衰减拟合模型，计算得到研究城市样地绿化带噪声衰减值。绿化带宽度 l 与其附加降噪量 Q 之间的关系为：$Q=ab-el+c$，式中参数 a、b、c 的值如表 3-11 所示。其中对于乔木林附加降噪量的计算方法结合乔木种类、叶形、枝干等特征，参照水杉林和桃林的计算方法进行。

表 3-11　绿化带噪声衰减拟合模型参数

林带类型	参数		
	a	$1/bc$	
空地	−9.54±0.13	10.3±0.37	9.53±0.13
乔灌混交林	−32.5±1.12	12.0±1.03	32.7±1.13
乔木混交林	−17.3±1.19	16.1±2.48	17.3±1.28
灌木混交林	−32.0±1.07	19.2±1.31	31.9±1.15
水杉林	−15.8±0.37	14.2±0.79	15.7±0.39
桃林	−24.8±1.64	15.5±2.32	25.1±1.74

注：沈建章等，2017。

（3）相关性分析

用 Excel 和 SPSS 25.0 统计分析软件，使用 Pearson 相关性分析法对研究区样地三维绿量（LVV）与附加降噪值之间的相关关系进行分析。

（4）秩和检验

用 SPSS 25.0 统计分析软件做 Kruskal-Wallis 秩和检验，对于绿化带不同枝下高范围与附加降噪量间相关关系进行多样本比较。

3. 研究区道路林带类型及占比分析

由表 3-12 所示，在长江三角洲地区 11 个区县市的道路林带调查样地中，除绍兴诸暨市无乔木混交林外，其他全部都有乔灌混交林、乔木混交林及乔木林这 3 种林带类型，仅绍兴诸暨市有灌木混交林，徐州丰县有灌木林。根据不同绿化带配置对于降噪效果影响的研究，乔木和灌木的合理搭配形成的多层次结构有利于形成良好的降噪面，故而乔灌混交林占比达到 80% 的南京玄武区、镇江润州区具备较好的降噪条件。而乔灌混交林占比低于 30% 的连云港连云区、丽水庆元县、杭州富阳区、杭州淳安县等地相对而言降噪条件较差。

表 3-12　研究区林分参数、组成类型及占比

城市	乔灌混交林	混合乔木林	乔木林	混合灌木林	灌木林	乔木枝下高 /m	冠幅 /m	乔木胸径 /m
绍兴诸暨市	杜英 – 女贞；樟树 – 石楠 – 珊瑚树（50.0）	无（0）	樟树；悬铃木（45.0）	女贞—珊瑚树（5.0）	无（0）	0.8—2.6	0.5—8.0	0.08—0.33

续表

城市	乔灌混交林	混合乔木林	乔木林	混合灌木林	灌木林	乔木枝下高/m	冠幅/m	乔木胸径/m
杭州淳安县	樟树–龙柏–红檵木–金叶女贞–月季（27.3）	樟树–桂花；杜英–樟树（40.9）	樟树；悬铃木；桂花（31.8）	无（0）	无（0）	0.8—3.0	1.0—10.0	0.08—0.35
杭州富阳区	樟树–红檵木–栀子；杜英–樟树–红檵木（23.5）	马褂木–樟树；樟树–茶花；杜英–樟树（58.8）	枫香；马褂木（17.6）	无（0）	无（0）	0.1—5.0	0.7—8.0	0.049—0.39
宁波余姚市	樟树–小叶女贞–红檵木；杜英–枫杨–红檵木（40.0）	樟树–杜英；樟树–广玉兰（25.0）	合欢；悬铃木；樟树（35.0）	无（0）	无（0）	0.5—6.0	0.6—6.0	0.02—0.44
连云港连云区（20.0）	悬铃木–小叶女贞–紫薇	樟树–银杏；桂花–樱花；朴树–合欢（60.0）	樟树；悬铃木（20.0）	无（0）	无（0）	0.3—3.5	0.8—6.0	0.02—0.375
徐州丰县	悬铃木–女贞–紫薇；银杏–女贞–石楠（40.0）	悬铃木–杨树（10.0）	白蜡；悬铃木（40.0）	无（0）	女贞（10.0）	1.1—4.0	0.5—6.5	0.05—0.31
上海崇明岛	樟树–悬铃木–瓜子黄杨（50.0）	悬铃木–樟树；樟树–圆柏（30.0）	樟树（20.0）	无（0）	无（0）	0.8—3.5	1.0—7.0	0.06—0.38
南京玄武区	悬铃木–女贞–红花檵木；水杉–雪松–珊瑚树（80.0）	悬铃木–石楠（10.0）	悬铃木（10.0）	无（0）	无（0）	0.5—7.0	1—7.0	0.06—0.4
镇江润州区	悬铃木–石楠–女贞；樟树–桂花–瓜子黄杨（80.0）	悬铃木–雪松（10.0）	悬铃木（10.0）	无（0）	无（0）	0.6—4.0	0.5—6.0	0.05—0.56
温州苍南县	白兰–榕树–紫薇；黄山栾树–红叶石楠–紫薇（30.0）	广玉兰–榕树（10.0）	悬铃木；樟树；白兰（60.0）	无（0）	无（0）	0.5—3.5	1.2—8.0	0.06—0.285
丽水庆元县	樟树–瓜子黄杨–檵木（20.0）	广玉兰–杜英（10.0）	杜英；悬铃木；樟树（70.0）	无（0）	无（0）	2.0—4.0	1.3—8.0	0.13—0.34

注：括号中数据为各林分类型占比（%）。表中植物学名：石楠（*Photinia serrulata*）、红檵木（*Loropetalum chinense* var.*rubrum*）、月季（*Rosa chinensis*）、紫薇（*Lagerstroemia indica*）、瓜子黄杨（*Buxus sinica*）、雪松（*Cedrus deodara*）、白兰（*Michelia alba*）、榕树（*Ficus microcarpa*）、红叶石楠（*Photinia* × *fraseriDress*）、檵木（*Loropetalum chinense*）、马褂木（*Liriodendron chinense*）、樱花（*Cerasus serrulata*）、朴树（*Celtis sinensis*）、杨树（*Populus* L.）、圆柏（*Sabina chinensis*）、枫香（*Liquidambar formosana*）、白蜡（*Fraxinus chinensis*）、金叶女贞（*Ligustrum* × *vicaryi Hort*）、小叶女贞（*Ligustrum quihoui*）。

4. 绿化带宽度与其附加降噪量间关系

几种不同类型降噪林带在10m范围内，其宽度与附加降噪量之间的相关关系如图 3-17 所示。在相同宽度下，乔灌混交林的附加降噪值要明显高于其他类型林带。在宽度小于 10m 范围内，各类型林带降噪效果由高到低依次为乔灌混交林、灌木混交林、以桃树为代表的落叶乔木林、以水杉为代表的落叶乔木林和乔木混交林。整体在 10m 处呈现最佳降噪效果。附加降噪量随着宽度值增大而增大，呈现逐渐变缓趋势。

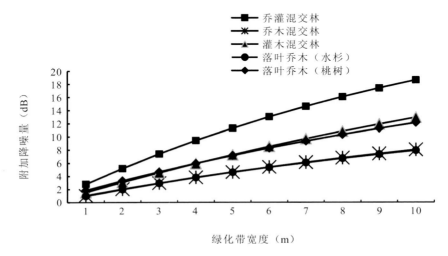

图 3-17　林带宽度与附加降噪量间关系

5. 三维绿量与附加降噪量间的相关分析

采用皮尔森相关性分析法对样地三维绿量与附加降噪值之间的相关关系进行双变量相关性分析。采用双侧检验，对 11 个区县市主要道路林带共计 149 个样地的三维绿量与其附加降噪量之间的相关关系分析可得，研究地林带三维绿量与附加降噪量之间呈正相关关系，且在 0.05 水平（双侧）上相关性显著。

（二）杭州年产水量与景观格局关系研究

1. 研究区域

浙江省杭州市位于中国东南沿海北部、长江三角洲南沿（29°11′—30°33′N，118°21′—120°30′E），属于亚热带季风气候。2019 年全市平均气温约为 18.1℃，年降水量为 1647.7mm。夏季高温多雨，冬季低温干燥。杭州市地形复杂多样，东部属于浙北平原地区，西部为浙西丘陵地带，京杭大运河和钱塘江穿城而过。截至 2019 年，杭州全市下辖 10 区 2 县 1 市，其中主城区为东北部的上城区、下城区、拱墅区、西湖区、江干区、滨江区、萧山区和余杭区。

2. 研究方法

（1）产水量及其计算

利用 InVEST 模型的产水模块，考虑实际蒸散量，建立年降水量与 Budyko 热液耦合平衡的关系，估算杭州市不同土地利用类型的产水功能。其核心算法是应用水量平衡法结合气候、地形和土地利用类型计算得出每个栅格的产水量。产水量为区域内各栅格的降水量减去实际蒸散量。产水量计算公式如下：

$$Yx = （1 - TAEx/Px）\times Px \qquad 公式 3-8$$

式中，Yx 为栅格 x 的年产水量（mm）；$TAEx$ 为栅格 x 的年实际蒸散量（mm）；Px 为栅格 x 的降水量（mm）；$TAEx$ 根据 Budyko 曲线近似得到，公式为：

$$TAEx/Px = （1 + wxRx）/（1 + wxRx + 1/Rx） \qquad 公式 3-9$$

$$Rx = TPEx/Px \qquad 公式 3-10$$

$$CKx = TPEx/TE0x \qquad 公式 3-11$$

$$TAEx = \min（CKx \times TE0x, Px） \qquad 公式 3-12$$

式 3-9 至 3-12 中，Rx 为栅格 x 的 Budyko 干燥度指数，它是潜在蒸散量（$TPEx$）与降水量（Px）的比值；CKx 为植被蒸散系数，在不同的植被类型下该值是不同的，表示不同发育期植物潜在蒸散量与参考蒸散量（$TE0x$）的比值，具体取值参考模型默认范例；$TAEx$ 通过 $TE0x$ 直接计算，并由降水量决定其最大值；wx 是土壤可利用水量与降水量的比值，根据 Donohue 等（2012）的定义：

$$wx = Z \times （CAWx/Px）+ 1.25 \qquad 公式 3-13$$

式 3-13 中，$CAWx$ 为栅格 x 的土壤有效含水量（mm）；Z 为季节常数，基于杭州市自然地理特征及相关参考文献将其取值为 6.5。本研究年产水总量为杭州市所有栅格单元产水量的总和。

（2）梯度分析

以城市原点（紫薇园，30.25° N，120.17° E）为城市中心，以 5km 为间距，建立覆盖杭州市主城区的 10 个同心圆梯度带。为消除因面积不同产生的结果差异，本研究采用 ArcGIS 空间分析工具 Zonal 对每个梯度带要素进行空间分布均值统计分析。

（3）影响因素相关性分析

选取年降水量（Pre）、年实际蒸散量（AET）和年均气温（Tem）作为影响年产水量的气象因子指标，根据主成分分析（PCA）从密度、面积、边缘、形状、多样性和聚散性 6 个方面选取斑块密度（PD）、最大斑块指数（LPI）、边缘密度（ED）、景观形状指数（LSI）、香农多样性指数（SHDI）和蔓延度（CONTAG）等 6 个景观格局指数作为影响年产水量的景观格局指标。对研究区进行 1km×1km 网格化处理并去除边缘值，分别构建气象因子和景观格局指数网格数据集，其中景观格局指数由土地利用类型数据通过 Fragstats4.2 软件计算得到。利用 SPSS 25 中 Pearson 分析计算得到年产水量与气象因子、景观格局指数的相关性。

3. 年产水量的年间变化

由表 3-13 可知：2000—2015 年间杭州市年产水总量与平均值均呈先下降后上升趋势。就总量来看，2005 年产水量最小，为 $1.09×10^{10}$mm，比 2000 年下降了 23.24%；2015 年达到最大值 $2.72×10^{10}$mm；15 年平均增长率为 6.10%。就平均值来看，最小值为 582.42mm（2005 年），最大值为 1457.24mm（2015 年），2000—2015 年平均增长率为 6.17%。

从不同土地利用类型来看，2000—2015 年间各类型土地年产水量均呈先下降后上升趋势（表 3-13）。建设用地高于其他土地利用类型，最大值为 1796.25mm（2015 年）；水体产水量低于其他土地利用类型，最小值为 214.3（2005 年）。2000—2015 年间，各类型土地年产水量增长率从大到小依次为水体（181.72%）、未利用土地（95.98%）、林地（90.10%）、耕地（86.97%）、建设用地（79.42%）、草地（77.78%）。

表 3-13　2000—2015 年杭州市的产水量

年份	总量 /（×10¹⁰mm）	平均值 /mm	耕地 /mm	林地 /mm	草地 /mm	水体 /mm	建设用地 /mm	未利用土地 /mm
2000	1.42	756.75	856.53	741.3	880.33	388.63	1001.17	816.48
2005	1.09	582.42	700.64	556.62	686.54	214.3	875.89	692.31
2010	2.15	1147.68	1264.09	1115.64	1279.94	789.69	1430.85	1254
2015	2.72	1457.24	1601.45	1409.23	1565.03	1094.85	1796.25	1600.17

4. 年产水量的空间变化

从空间区域上来看，2000—2015 年杭州市年产水量呈现东北高、西南低的分布特征（图 3-18）。高值区主要分布在东北部的主城区，且呈聚集扩张趋势，多年平均产水量为 1042.68—1254.85mm；其他区县市（富阳区、临安区、桐庐县、淳安县、建德市）相对较小，为 933.57—1009.06mm（图 3-19）。

从梯度变化来看，年产水量呈现随着与城市中心距离的增加先增大后减小趋势（表 3-14），最高值均出现在距离城市中心 10km 处。对比距离城市中心 5—15km 和 40—50km 的

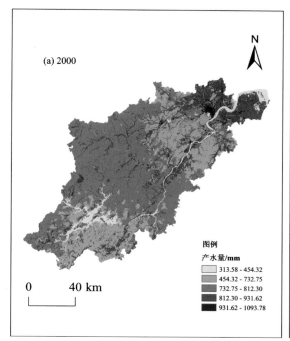

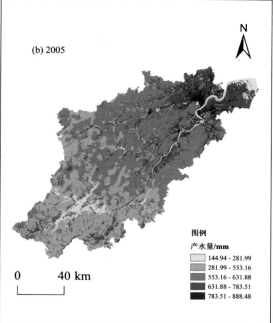

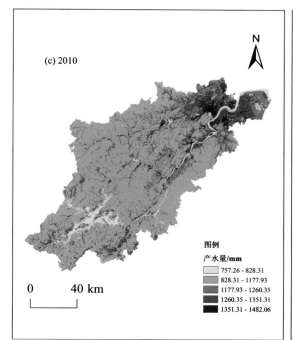

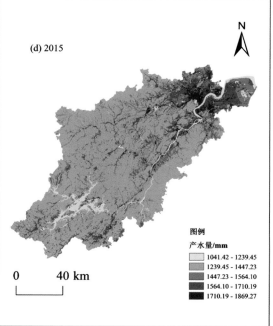

图 3-18　杭州市 2000—2015 年产水量空间分布图

年产水量发现：2000 年、2005 年、2010 年和 2015 年的差异率分别为 4.50%、16.50%、9.25%
和 10.31%，表明年产水量在 2005 年前后城乡差异率最大。

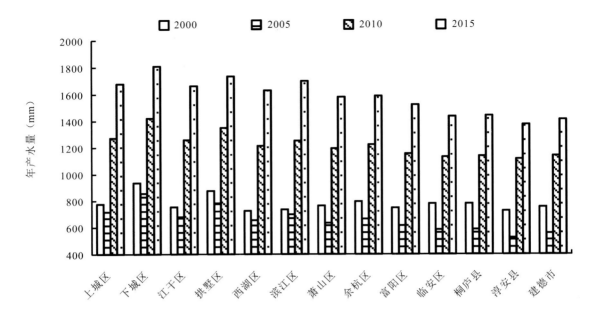

图 3-19　杭州市各区县市年产水量变化趋势

表 3-14　2000—2015 年杭州市沿梯度变化的年产水量　　　　　　单位：mm

年份	与城市中心的距离									
	5km	10km	15km	20km	25km	30km	35km	40km	45km	50km
2000	774.12	787.18	775.87	772.57	769.36	780.96	770.26	757.03	749.18	725.81
2005	704.70	722.54	706.81	680.91	667.67	663.95	644.82	618.20	596.43	567.25
2010	1260.33	1282.99	1268.25	1241.94	1220.99	1211.72	1186.36	1160.96	1153.73	1144.39
2015	1663.70	1705.39	1681.58	1639.73	1612.60	1595.34	1565.24	1528.58	1509.99	1491.25

5. 土地利用和气象因子对年产水量的影响

（1）土地利用类型变化

杭州市各土地利用类型转移矩阵表明（表 3-15）：2000—2015 年间土地利用变化最剧烈的为耕地与建设用地之间的转化，耕地面积减少了 2.75%，建设用地面积增加了 3.67%，15年间转化率达到了 3.24%。杭州市 2000—2015 年间建设用地面积比例增加显著，导致杭州市 2015 年产水量显著大于 2000 年产水量。

表 3-15   杭州市 2000—2015 年各土地利用类型转移矩阵

土地利用类型		2015 年						
		耕地 / %	林地 / %	草地 / %	水体 / %	建设用地 / %	未利用土地 / %	合计 / %
	耕地 / %	15.84	0.98	0.04	0.33	3.24	0.00	20.44
	林地 / %	1.04	66.40	0.28	0.16	0.51	0.01	68.40
	草地 / %	0.04	0.22	1.98	0.01	0.03	0.01	2.29
2000 年	水体 / %	0.57	0.14	0.02	4.71	0.15	0.00	5.60
	建设用地 / %	0.20	0.04	0.01	0.02	2.98	0.00	3.25
	未利用土地 / %	0.00	0.00	0.00	0.00	0.00	0.02	0.02
	合计 / %	17.69	67.79	2.33	5.24	6.92	0.04	100.00

注：对角线数值为没有发生变化的土地利用类型的保留率。

（2）景观格局变化

从景观格局来看，2000—2015 年间杭州市存在景观明显破碎化和异质性（表 3-16）。15 年间，PD 先下降后上升，LPI 下降 1.23，ED 上升 1.07，表明景观破碎化程度明显；LSI 上升 3.69，表明斑块形状较不规则，复杂度不断增加；CONTAG 下降 1.77，表明景观连通性处于下降趋势，反映景观破碎化增加；SHDI 由 0.95 上升至 1.00，表明景观异质性增加。从梯度变化来看，随着与城市中心距离的增加，LPI、CONTAG 总体呈现先减小后逐步增加的趋势，最大斑块面积和景观连通性先减小后增大；ED、LSI、PD、SHDI 总体呈现先增加后逐步减小的趋势，表明随着与城市中心距离的增加，景观破碎化和异质性先增大后减小（图 3-20）。其中，CONTAG 和 SHDI 的拐点出现在 10km 处，表明在距离城市中心 10km 处，景观连通性最小、异质性最大；PD、ED、LSI 的拐点出现在 20km 处，表明在距离城市中心 20km 处，景观破碎化最为严重；LPI 的拐点则在 15km 和 30km 处，表明在距离城市中心 15km 和 30km 处，最大斑块面积减小导致一定程度的景观破碎化。因此，在距离城市中心 10—20km 处存在最为显著的景观破碎化和异质性。结合年产水量发现：单位面积产水量拐点出现在距离城市中心 10km 处，与景观格局的梯度变化趋势较为一致。

表 3-16   2000—2015 年杭州市各景观格局指数

年份	PD	LPI	ED	LSI	CONTAG	SHDI
2000	0.48	35.52	20.20	68.08	69.31	0.95
2005	0.43	35.04	20.98	70.59	68.41	0.97
2010	0.46	34.50	21.50	72.27	68.04	0.98
2015	0.46	34.29	21.27	71.77	67.54	1.00

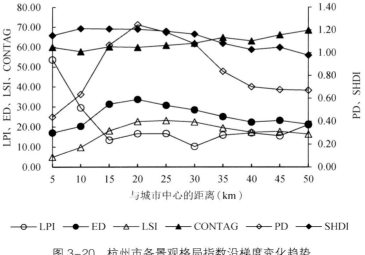

图 3-20 杭州市各景观格局指数沿梯度变化趋势

（3）气象因子变化

从时间上看（表 3-17）：2000—2015 年间，杭州市年降水量最小的是 2005 年，最大的是 2015 年。与 2000 年相比，2005 年降水量减少 183.54mm（13.9%），2015 年增加 696.21mm（52.75%）。年均气温最低的是 2000 年，最高的是 2015 年，相差 0.31℃。年均实际蒸散量最小值和最大值分别出现在 2005 和 2010 年；与 2000 年相比，2005 年实际蒸散量减少 9.21mm（1.64%），2010 年增加 2.31mm（0.41%）。降水量变化与年产水量趋势一致。从空间上看，各区县市气象因子存在差异（表 3-18）。主城区与富阳区年降水量为 1540—1545mm，低于临安区、桐庐县、淳安县、建德市（1545—1550mm）。主城区年均气温为 17.35—17.39℃，其他 5 区县市为 17.34—17.38℃。主城区年实际蒸散量明显低于其他 5 区县市，其中最低值出现在下城区（289.10 mm），最高值出现在淳安县（617.13 mm）。从城乡梯度来看，在距城市中心 50 km 内，年降水量变化不大；随着距离增加，年均气温逐渐下降，年实际蒸散量先减小后增大，最小值出现在距离城市中心 10 km 处（图 3-21）。结合 2000—2015 年产水量的空间分布特征和梯度变化趋势可知：年产水量空间变化与年实际蒸散量表现相似。

表 3-17　2000—2015 年杭州市的气象因子

年份	年降水量/ mm	年均气温/ ℃	年实际蒸散 量 /mm	年份	年降水量/ mm	年均气温/ ℃	年实际蒸散 量 /mm
2000	1319.79	17.25	563.04	2010	1713.03	17.26	565.35
2005	1136.25	17.38	553.83	2015	2016.77	17.56	559.54

表 3-18 2000—2015 年杭州市各区县市的气象因子

各区县市	年降水量 / mm	年均气温 / ℃	年实际蒸散量 /mm	各区县市	年降水量 / mm	年均气温 / ℃	年实际蒸散量 /mm
上城区	1543.10	17.39	432.37	余杭区	1544.75	17.37	477.82
下城区	1543.95	17.38	289.10	富阳区	1542.52	17.36	533.47
江干区	1543.29	17.37	455.50	临安区	1545.74	17.34	564.34
拱墅区	1544.40	17.38	359.98	桐庐县	1545.84	17.35	560.42
西湖区	1543.24	17.39	488.31	淳安县	1550.70	17.38	617.13
滨江区	1542.26	17.39	446.74	建德市	1548.63	17.37	583.63
萧山区	1540.14	17.35	497.46				

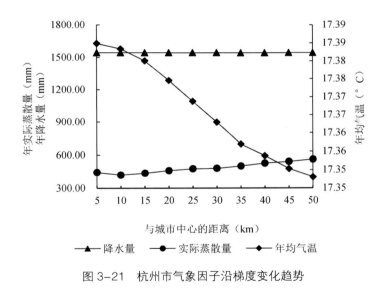

图 3-21 杭州市气象因子沿梯度变化趋势

（4）年产水量与气象因子、景观格局指数的相关性分析

由表 3-19 可知：2000—2015 年，杭州市年产水量与降水量相关性最强，相关系数为 0.959，与气温呈极显著正相关（$P < 0.01$），与实际蒸散量呈极显著负相关（$P < 0.01$）。在景观格局指数方面，年产水量与 PD 相关性相对最强，相关系数为 0.153，与 ED、LSI、SHDI 呈极显著正相关（$P < 0.01$），与 LPI 呈显著负相关（$P < 0.05$），与 CONTAG 呈极显著负相关（$P < 0.01$）。

表 3-19　杭州市年产水量与气象因子、景观格局指数的 Spearman 相关性分析

指标	相关性	显著性
Pre	0.959[**]	0.000
Tem	0.325[**]	0.000
AET	− 0.110[**]	0.000
PD	0.153[**]	0.103
LPI	− 0.109[*]	0.016
ED	0.148[**]	0.002
LSI	0.129[**]	0.006
CONTAG	− 0.132[**]	0.002
SHDI	0.139[**]	0.001

注：** 表示在 0.01 水平极显著相关（双尾），* 表示在 0.05 水平上显著相关（双尾）。

四、植被生态系统服务优化方案（以杭州富阳小坞坑为例）

小坞坑基地位于杭州富阳主城区东北缘，连接富阳经济技术开发区东洲新区，面向江滨东大道，处于富阳主城区入口门户位置。基地为坡谷地貌，独立小流域，谷长 1.5km，总面积约 66.7hm²。林区属亚热带季风气候区，气候温暖湿润；水土条件空间分异明显，山麓谷地土层较深厚、水分充足，中上坡条件较差，局部土层瘠薄、岩石裸露。原生植被属东亚植物区中国—日本植物亚区，以中亚热带常绿阔叶林最为典型，树种以壳斗科、樟科、山茶科、木兰科植物为主。由于人类活动的影响，区内原始林已遭到破坏，现状森林起源于伐薪迹地、人工造地上发生的低质效次生林和人工林。次生林主要分布于中、上坡，以松、杉、栎林、木荷林、灌木林、杂竹林占优势，群落演替进展不深，高度有限，林下层藤灌蔓延；人工林分布于下坡，以国外松、杉木、香樟、枫香、深山含笑、千年桐等为主栽树种，树种组成与层次结构简单，下木与地被缺乏。谷地区域曾为经济林试验用地，通过人工造地而成，多砾石，现呈荒芜状态，杂竹、山黄麻、金樱子、刺莓等杂灌荆棘形成林下植被，盖度 90% 以上。林区于 2011 年纳入杭州市西郊森林公园、富阳城市森林公园后，被开辟为城市游憩林，设置了步游道。总之，基地所处的城区边缘浅山地带，属长三角地区城镇背景林的常见发生区；基地是在强烈人为干扰下形成的退化生态系统，森林质量低下，演替缓慢，对这类植被系统进行恢复重建，提升其服务功能，在长三角地区具有代表性。其植被生态系统组成复杂，服务功能多样，系统优化需要从不同层次开展。

（一）个体尺度优化方案

1. 树木个体对生态服务效能的影响

植物生态服务能力的大小取决于单株生物量（或绿量）的大小及其单位绿量的生理生态效能，如植物的碳氧平衡、降温增湿、滞尘降噪效益，都可通过测量单叶的生理生态指标、作用效益及植株的总叶面积，换算成总效益。因此，一方面，植物单株形体高大、枝叶稠密、四季常绿者一般生态效益较高；另一方面，植物器官生理生态效能的高低决定了单株的服务效益，如叶片净同化率高，有利于固碳释氧，蒸腾量大的有利于降温增温，叶片表面粗糙利于降噪等。

然而，植物是一个有着不同效益的集合体，事实上，同一种植物只要其生长是健康的，就具备了多种服务效能。这些效能或差异显著，或不显著，有时能兼顾，有时难以两全，选择时需要以功能目标为导向。

2. 小坞坑植被生态恢复树种选择

小坞坑基地的植被恢复目标是按物种多样化和珍贵化、群落复层化和自然化原则，尊重森林发生与演替的自然规律，培育系统健康、景观优美、林产品价值潜力巨大的森林生态系统。在生态服务功能上，无特定强化目标，应考虑其综合性。

（1）选择依据与范围

根据生态恢复目标、小坞坑基地的自然条件，参考长三角地带性植被及其在城市生态建设中的应用状况（表3-20）、浙江省珍贵彩色森林建设推荐树种、富阳区林相改造推荐树种，选择植被生态恢复目标树种。

（2）选择原则

1）适应性。遵循适地适树原则，以地带性、乡土树种为主体，外来树种应选择驯化成功者，确保建设成效。

2）效益综合。考虑综合效益，应以高大乔木为主体，优先选择集珍贵、美化、有大径材培育潜力等多种效益于一体的树种。选择耐阴树种与伴生树种，利于配置人工森林群落，提高整体生物量。选择形态优美、呈色显著的树种，构建季相景观。

表3-20　长三角城市森林（城周）主要树种重要值排序表

序号	树种	IV	学名	序号	树种	IV	学名
1	香樟	8.82451	*Cinnamomum camphora*	3	朴树	5.95153	*Celtis sinensis*
2	马尾松	6.07486	*Pinus massoniana*	4	水杉	4.09638	*Metasequoia glyptostroboides*

序号	树种	IV	学名	序号	树种	IV	学名
5	女贞	3.89632	*Ligustrum lucidum*	32	冬青	0.93043	*Ilex chinensis*
6	檵木	3.75606	*Loropetalum chinense*	33	白榆	0.92389	*Ulmus pumila*
7	白栎	2.92222	*Quercus fabri*	34	杉木	0.75276	*Cunninghamia lanceolata*
8	麻栎	2.591	*Quercus acutissima*	35	桃	0.73177	*Prunus persica*
9	黑松	2.58798	*Pinus thunbergii*	36	苦槠	0.71772	*Castanopsis sclerophylla*
10	侧柏	2.44907	*Platycladus orientalis*	37	木荷	0.66987	*Schima superba*
11	构树	2.25839	*Broussonetia papyifera*	38	苦楝	0.65442	*Melia azedarach*
12	柃木	2.10807	*Eurya japonica*	39	盐肤木	0.64897	*Rhus chinensis*
13	枫香	1.9101	*Liquidambar formosana*	40	杨梅	0.62759	*Myrica rubra*
14	三角枫	1.79067	*Acer buergerianum*	41	乌桕	0.6019	*Sapium sebiferum*
15	毛竹	1.76632	*Phyllostachys heterocycla*	42	猴头杜鹃	0.53795	*Rhododendron simiarum*
16	国槐	1.73377	*Sophora japonica*	43	榔榆	0.50413	*Ulmus parvifolia*
17	黄连木	1.7185	*Pistacia chinensis*	44	石楠	0.50215	*Photinia serrulata*
18	杨树	1.6467	*Populus cathayana*	45	日本扁柏	0.49186	*Chamaecyparis obtusa*
19	枫杨	1.44311	*Pterocarya stenoptera*	46	孝顺竹	0.47738	*Bambusa multiplex*
20	桂花	1.40721	*Osmanthus fragrans*	47	白檀	0.4766	*Symplocos paniculata*
21	银杏	1.30202	*Ginkgo biloba*	48	鹅掌楸	0.45848	*Liriodendron chinense*
22	杜英	1.2606	*Elaeocarpus decipiens*	49	油桐	0.42192	*Vernicia fordii*
23	红楠	1.25873	*Machilus thunbergii*	50	广玉兰	0.41876	*Magnolia grandiflora*
24	梧桐	1.08771	*Firmiana platanifolia*	51	海桐	0.38189	*Pittosporum tobira*
25	棕榈	1.0634	*Trachycarpus fortunei*	52	紫薇	0.36996	*Lagerstroemia indica*
26	鸡爪槭	1.05891	*Acer palmatum*	53	黄檀	0.36666	*Dalbergia hupeana*
27	柳杉	1.01523	*Cryptomeria joponica*	54	秀丽栲	0.36493	*Castanopsis jucunda*
28	黄山栾树	1.01094	*Koelreuteria bipinnata*	55	桑	0.36375	*Morus alba*
29	黄山松	0.96634	*Pinus taiwanensis*	56	榉树	0.3557	*Zelkova schneideriana*
30	合欢	0.96048	*Albizia julibrissin*	57	珊瑚树	0.33647	*Viburnum odoratissimum*
31	糙叶树	0.95387	*Aphananthe aspera*	58	灯台树	0.32304	*Bothrocaryum controversum*

续表

序号	树种	IV	学名	序号	树种	IV	学名
59	金钱松	0.323	*Pseudolarix amabilis*	65	香椿	0.26748	*Toona sinensis*
60	玉兰	0.31775	*Magnolia denudata*	66	化香	0.26188	*Platycarya strobilacea*
61	圆柏	0.31624	*Sabina chinensi*	67	板栗	0.24919	*Castanea mollissima*
62	浙江连蕊茶	0.30185	*Camellia cuspidate*	68	枳椇	0.24303	*Hovenia acerba*
63	刺槐	0.29907	*Robinia pseudoacacia*	69	构骨	0.24084	*Ilex cornuta*
64	山矾	0.29088	*Symplocos sumuntia*	70	刺柏	0.21909	*Juniperus formosana*

3）多样统一。根据基地的条件特点与建设目标，确立数种主栽树种，形成森林基调；另外，还应尽量扩大选择面，应用丰富的物种材料作辅助性种植，丰富群落物种多样性。

4）阴阳结合。立地较好的林下环境，主选慢生、长寿、珍贵、接近顶极的阴性树种；对于立地较差的旷地，应主选速生、阳性先锋树种，构建森林上层骨架，速生、慢生结合，远近结合，加快恢复重建进度。

（3）推荐树种

1）基调树种：银杏、枫香、浙江楠、桢楠、赤坡青冈。

2）骨干树种：红豆杉、三角枫、柿子、苦槠、青冈。

3）一般树种：栎类、乔木樱、野山樱、野漆树、青钱柳、红豆树、金钱松。

4）点缀树种：紫玉兰、红梅、西府海棠、紫荆等。

小坞坑基地植被恢复选择树种见表3-21。

表3-21　小坞坑植被恢复选用树种

序号	树种	生活型	学名
1	银杏	落叶大乔木	*Ginkgo biloba*
2	红豆杉	常绿大乔木	*Taxus wallichiana*
3	榧树	常绿大乔木	*Torreya grandis*
4	青钱柳	落叶大乔木	*Cyclocarya paliurus*
5	野山樱	落叶小乔木	*Prunus serrulata*
6	桢楠	常绿乔木	*Phoebe zhennan*
7	浙江楠	常绿乔木	*Phoebe chekiangensis*
8	浙江樟	常绿乔木	*Cinnamomum camphora*
9	苦槠	常绿乔木	*Castanopsis sclerophylla*

续表

序号	树种	生活型	学名
10	青冈	常绿乔木	*Cyclobalanopsis glauca*
11	乌桕	落叶乔木	*Sapium sebiferum*
12	黄山栾树	落叶乔木	*Koelreuteria bipinnata*
13	三角枫	落叶乔木	*Acer buergerianum*
14	枫香	落叶大乔木	*Liquidambar formosana*
15	北美栎树	落叶大乔木	*Quercus rubra*
16	河桦	落叶乔木	*Betula nigra*
17	柿	落叶乔木	*Diospyros kaki*
18	染井吉野	落叶乔木	*Cerasus yedoensis*
19	大山樱	落叶乔木	*Prunus serrulata*
20	关山樱	落叶乔木	*Prunus lannesiana*
21	尾叶樱	落叶乔木	*Prunus dielsiana*
22	华中樱	落叶乔木	*Cerasus conradinae*
23	钟花樱	落叶乔木	*Prunus campanulata*
24	野漆树	落叶小乔木	*Toxicodendron succedaneum*
25	西府海棠	落叶大灌木	*Malus micromalus*
26	红梅	落叶小乔木	*Prunus mume*
27	茶花	常绿灌木	*Camellia japonica*
28	紫荆	落叶大灌木	*Cercis chinensis*
29	紫玉兰	落叶小乔木	*Magnolia liliflora*
30	夏鹃	常绿小灌木	*Rhododendron simsii*
31	黄花菜	草本	*Hemerocallis citrina*

3. 种苗质量控制

坚持自然、全冠苗木造林，有中央主导干的乔木种苗严格要求保留主梢，一年生小苗应保留主根，其他指标达到 GB 6000-1999《主要造林树种苗木质量分级》规定 I 级的质量要求。为严格控制苗木质量，提倡小苗造林。优先采用优良种质材料培育的优质壮苗，优先采用容器苗或带土球苗，优先采用保障性苗圃生产的苗木。

（二）群落尺度优化方案

1. 群落对生态服务效能的影响

植物群落是不同植物在长期环境变化中相互适应而形成的，在生态系统中汇聚了各类生物资源，其作为生态系统中的生产者，也为其他生物提供食物来源及栖息地。在生态系统能量流动和物质循环中，植物群落是一个非常重要的环节，起着特殊的作用。植物群落是提供生态系统功能的主体，它以植物单体组成集群的方式为我们提供生态服务，如吸收大气中的二氧化碳，减缓温室效应，控制水土流失，减轻水体和大气污染等。植物群落是土地基本属性的综合指标。特定的气候、土壤和地形条件发育了不同的植物群落。植物群落配置和生态恢复的基本任务就是要从特定的立地属性中，寻找出群落的组成、结构、外貌等特征，构建适于立地属性、可以自我维护、顺利演替、能满足人类目标要求的植物组合。

2. 群落配置原则

（1）生态原则

群落配置时应遵循植物与群落生态学原理，如适地适树原理、物种生态位原理、群落与环境耦合原理、多样性导致稳定性原理等，师法自然，构建健康群落。

（2）效益复合原则

群落配置以群落生物产量最大为原则，以群落的综合效益为判据，应用好各种树种。如常绿树种枝叶密度大，但一般净同化率低，透光率低，林下配植其他植物相对不利；落叶树种反之。应重视土地的生产功能，可将珍贵用材树种作为林下补植的主体，成为未来的建群种，以提高收益潜力与森林质量。同时遵循艺术原则，力求群落景观化，林外以季相景观营造为重点，林内则还要结合开展植株形体美化与游赏空间营造。

（3）人自结合原则

即人工设计与自然设计结合。群落配置的最终目标是形成近自然的植物生态系统，这是一个复杂的自然设计与演替过程，人工措施只是起促进作用。应充分利用大自然的自我设计能力，坚持人工促进、自然演替的原则。

3. 群落配置模式

根据以上群落配置原则，以及基地立地环境与现状植被的异质性，植被恢复的目标及其配套建设措施，确定群落配置模式。

（1）针阔混交群落

现状以杉木、湿地松为建群种，间有马尾松分布。伴生阔叶树，上层有木荷、青冈、苦槠、枫香、檫树、朴树、千年桐等，中下层有山矾、枪木、冬青、檵木、白栎、乌饭、白檀等。通过卫生伐与疏伐、清杂，保留木荷、栎树等幼苗。可分两种情况引入目标树种：于立地条件较好或上层密度较高（0.7以上），疏伐补植或直接补植浙江楠、桢楠、浙江樟、红豆杉、赤皮青冈等耐阴树种小苗，重建更新层，形成湿地松–楠、松–栎、杉–楠、杉木–红豆杉等植物群落；立地较差或上层密度较低时（0.6以下），疏伐补植或直接补植枫香、三角枫、河桦等阳性树种，苗高1.5m以上，作为群落共建种，形成针–枫香、针–三角枫等群落，以改善树种结构，形成季相景观。

（2）常绿–落叶阔叶混交群落

现状以木荷、香樟等常绿阔叶树种为建群种，数种共建，或小片单建群落。伴生苦槠、青冈、石栗、檵木、乌饭、枪木、冬青、山矾等。该类型一般立地条件较差，上层树木生长不良。通过疏伐、清杂，补植枫香、三角枫、野柿等阳性树种，苗高1.5m以上，作为中间层，再于林下补植樟楠类、栎类小苗（1年生容器苗），形成香樟–三角枫–楠木、木荷–枫香–楠木等群落，以改善树种结构，形成季相景观。

（3）落叶–常绿阔叶混交群落

现状包括枫香人工纯林，上层稀疏分布野柿、千年桐、刺槐、豆梨等落叶树的疏林地和抛荒地，立地条件一般较差。其中枫香林密度过大，生长不良，枯株较多；其他林分则上层过稀，生物产量低。对于枫香林，采取全面疏伐，至郁度0.7—0.8，补植樟楠类种苗（一年生容器苗），引入更新层，丰富群落层次。其他地块通过卫生伐与清杂，采取新造林方式重建植被，配置群落。上层种植银杏与北美栎树等落叶树大苗，下层种植浙江樟、青冈、苦槠等常绿树种小苗，形成以落叶树种为建群种、常绿树种为演替层的人工群落。此群落构建时应保障较长时期内落叶树种高于常绿树种，可以从种苗大小、种植次序上加以区分控制。

（4）常绿阔叶混交群落

现状以木荷、香樟、苦槠、青冈等常绿阔叶树种为建群种，多数种共建，仅木荷、香樟存在小片单建群落。下层伴生苦槠、青冈、石栗小苗及檵木、乌饭、枪木、冬青、山矾、厚皮香、石斑木等灌木。该类型一般立地条件较好，但上层树木长势不旺，树种组成单调，经济性差。通过疏伐、清杂，或直接补植楠木类、红豆杉、红豆树等耐阴树种（一年生容器苗），作为更新层，构建常绿阔叶林群落，进行珍贵树种储备。

（5）落叶矮林群落

现状包括以檵木、白栎为建群种的落叶灌木林及荒草坡，土壤瘠薄，立地恶劣。采取小片状、点丛状抚育清理，引入野山樱、野漆树等耐干耐瘠先锋树种，作为建群种或原灌木共建种，形成落叶矮林群落。

（三）景观尺度优化方案

1.景观对服务效能的影响

从较大的尺度如区县市域尺度看，小坞坑基地属于均质景观，可视为一个植被斑块，提供整体生态服务功能，如吸收有害气体，净化空气，改善小气候，涵养水源，保持水土，维护生物多样性，通风防风等。从较小的尺度看，景观异质性的作用就得以显现。空间格局对生态过程的影响不可忽视。一般而言，种群动态、生物多样性和生态系统的物质、能量流动等都不可避免地受景观空间格局的制约或影响。从小坞坑基地尺度看，森林生态系统的种类、数量及其在空间中的排列方式，不但可影响地表径流、植物种源传播、营养物质循环等生态过程，而且可影响植被恢复与科学试验工作的开展，影响风景资源的利用效果。因此，在植被生态系统恢复重建中必须做好景观格局优化，发挥格局效益。

2.小坞坑景观格局配置原则

（1）最小扰动，整体稳定

景观布局应尽量维持原植被基底的稳定性，植被恢复工作分期推进，每期对基地部分退化植被进行恢复作业，减少对原基底的扰动。先期恢复作业区主要布置于下坡平缓区域，避开生态脆弱区。

（2）环境耦合，配置格局

遵循群落生态学与景观生态学原理，根据海拔、地形、土壤特征及植被退化状况，布置相应的植被斑块或廊道，确保与环境耦合。

（3）种源分散，扩大传播

引入的目标林分，特别是珍贵用材林，尽量分散布置，为未来所在区域提供种源，扩大传播范围。

（4）延伸视域，适于游赏

植被恢复结合边界拓展、前景穿透、景观飞地、屏障设置等手段延伸视域，使有限的作业空间产生较大的视域效应。生态背景林、生态游憩林合理布置，形成最优游赏空间与景观序列。

（5）试验生产，有机结合

格局布置应使植被恢复作业与科学试验有机结合，既有利于植被恢复工程施行，方便种植造林与未成林管理工作的顺利开展，也有利于试验样地的布置，开展日常监测。

3.景观优化布局

植被恢复作业区主要位于基地下坡，沿中央谷地布置，以步游道为中心向两侧扩展，条带状布置不同群落模式。中央谷地为生态游憩林，东坡为珍贵化近自然生态风景林，西坡为季相景观林，后两类也沿支流坡谷延伸，部分直至岗部。局部岗地布置生态矮林（图3-22）。从游赏空间看，谷地林内景观旷幽交替，两侧坡地林外景观延绵不绝，可产生广阔纵深的视觉效果。据研究，森林季相景观格可划分为波纹、线状、网络、聚散、集聚、分散、点丛等模式，不同格局对应不同的观赏效应。基地主要采用聚散格局。该格局季相斑块既有大块聚集，也有小块或点状分散，随机而自然。

另外，林冠下补植主要应用于东坡，但相关试验安排于西坡，实现了珍贵树种分散布局。植被恢复以谷地及下坡平缓区域为重点，避免了局部环境变化对水土保持、水源涵养等的不利影响，方便开展恢复作业与后期管理。

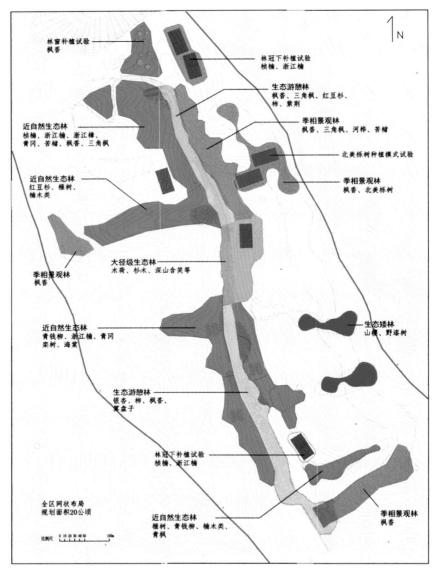

图3-22　小坞坑景观布局图

（四）退化植被分类恢复

根据退化程度，小坞坑基地植被生态系统可分为植被轻度退化、植被重度退化、立地退化、新造地等几种情况。对此，应采取分类施策，以森林生态系统结构与功能恢复为核心，兼顾景观服务与优质木材资源储备等多种功能需求，开展生态恢复与重建。

1. 人工新造地—生态游憩林

（1）原状

此类地块主要位于山谷步道两侧，由人工填方而成，土层较深，但砾石含量高（30%），加上道路施工时丢弃的建筑垃圾，造成地表板结。曾先后为油桐、枫香引种试验地，原有植被反复消灭，现废弃。现状植被上层稀疏，为香樟、枫香、苦楝和刺槐，下层除油桐幼苗、算盘子、枸骨等之外，主要是山黄麻、杂竹、金樱子、刺莓等，总盖度90%以上。

（2）建设目标

建设成由银杏、柿子、枫香等为上层树种组成的生态游憩林。

（3）营造措施

通过疏伐与林地清理，清除林下杂灌荆棘，局部保留枫香、香樟、野柿等，控制郁闭度在0.3以下；挖大穴，添加穴状客土，补植银杏、柿子等目标树种，提高上层树种密度，每 $1/15\text{hm}^2$ 栽种100—120株。其中银杏苗木规格为胸径4—7cm，种植后加支撑；柿子为1—2年生小苗，无需支撑。下层保留、补植浙江樟、青冈、苦槠等，补植苗为1—2年生容器苗，每 $1/15\text{hm}^2$ 20—40株，作为更新层；同时保留、补植枸骨茶叶、茶花等耐阴灌木，以丰富层次，提高群落生物量。所有树种均采取随机种植，种植后浇足定根水（以下同），各树种种苗用量与种植方式等见表3-22，造林前后效果见图3-23。

表3-22　各树种造林模式表

树种	数量/株	米径/cm	高度/cm	苗木类型	种植密度/m	种植区域	主要种植方式	背景郁闭度
银杏	570	5—6		土球	2.5×2.5	谷地游	自然片植	0—0.4
红豆杉	120	2		土球	2.5×2.5	大径材	自然片植	0.3—0.7
榉树	100	2		土球	2.5×2.5	大径材	自然片植、带植	0.3—0.7
青钱柳	400	1		土球	2×2	坡谷珍	自然片植、行植	0.3—0.5
野山樱	500	1		土球	2×2	矮林	自然片植	0—0.3
贞楠	1000		100	容器	2×2	大径材、坡谷珍	自然片植	0.3—0.7
浙江楠	2600		100	容器	2×2	大径材、坡谷珍	自然片植	0.3—0.7
浙江樟	1150		100	容器	2×2	大径材、坡谷珍	自然片植	0.3—0.7

树种	数量/株	米径/cm	高度/cm	苗木类型	种植密度/m	种植区域	主要种植方式	背景郁闭度
苦槠	150		100	容器	2×2	坡谷珍	自然片植	0.3—0.7
青冈	1150		100	容器	2×2	坡谷珍	自然片植	0.3—0.7
乌桕	200	1		容器	2×2	坡脊彩	点植、行植	0.3—0.4
黄山栾树	200	1		容器	2×2	坡脊彩	自然片植	0.3—0.4
三角枫	500	2—4		土球	2.5×2.5	坡谷珍、坡脊彩	自然片植、点植	0.2—0.5
枫香	360	3—4		土球	3×3	坡谷珍、坡脊彩	自然片植、行植	0—0.3
枫香	700	1		容器	1.5×1.5	坡脊彩	自然片植	0.1—0.8
北美栎树	600	2—3		土球	2.5×2.5	谷地游、坡谷珍	自然片植	0—0.4
河桦	100	3		土球	2.5×2.6	坡脊彩	自然片植	0.2—0.4
柿	650		120	裸根	3×3	谷地游	自然片植	0—0.4
乔木樱	900	1	220	裸根	3×3	谷地游、坡脊彩	点植、自然片植	0—0.7
野漆树	1200	1		裸根	2×2	矮林	自然片植	0—0.3
西府海棠	150	3		土球	2×2	谷地游、坡谷珍	点植、丛植	0.2—0.4
红梅	20	2		土球	2×2	谷地游	点植、丛植	0.2—0.4
茶花	180		60	土球	2×2	谷地游	丛植、行植	0.7—0.9
紫荆	150		150	土球	2×2	谷地游	点植、丛植	0.1—0.6
紫玉兰	30	2—3		土球	2×2	谷地游	点植	0.2—0.4
夏鹃	150		40	土球	1.0×1.5	坡脊彩	丛植	0.3—0.6
黄花菜	1000					谷地游		

（4）未成林管理

造林、补植后3—5年开展未成林抚育管理，每年两次，分别在5—6月和9—10月进行。管理工作主要有以下几项。

1）补植。新栽树木因死亡发生缺株，达不到保存密度时应及时补植，补植树木应选用相同种源及相同规格。

2）割灌除草。除去苗木周边直径2m范围以内的杂灌木、杂草植物和藤蔓植物。

3）松土扩穴。以树基为圆点，直径1.0—1.5m范围内进行松土，松土深度10—20cm，做到里浅外深，不伤害苗木根系。

4）抗旱灌溉。新植苗木遇干旱天气时应及时抗旱，不受管理时期限制，特别是夏季高温干旱持续时间达到5—8d时应浇水灌溉。灌溉时间以早晚为宜。

5）修枝。新造林林分郁闭、树干下部有枯枝时，采取平切法修枝，修去枯死枝、树冠下部1—2轮活枝、部分内膛枝及影响主梢生长的上部侧枝。修枝高度，幼龄林阶段保留冠长不低于树高的2/3、中龄林阶段不低于1/2。

6）追肥。于栽植后的第 3—5 年施用追肥，每年 1—2 次。追肥宜采用复合肥和专用肥。

7）病虫害防治。加强新植苗木的病虫害防治，宜优先采用物理、生物防治或综合防治方法。

<table>
<tr><td>原林相</td><td>种植银杏后</td></tr>
<tr><td>原林相</td><td>种植银杏后</td></tr>
<tr><td>原林相</td><td>种植银杏后</td></tr>
</table>

图 3-23　人工林营造前后

2. 植被轻度退化区——近自然生态林

（1）现状

这里将森林植被轻度退化区定义为留有上层树种，但树种组成、结构不合理，林下缺乏更新层，质量与经济特性低下的林分。此类林分主要位于东坡，下坡部土层较厚、水分条件较好的凹谷及其附近区域，现状为松、杉、香樟、枫香林等人工林及次生木荷林。其中松类树种中，马尾松久受松材线虫危害，现所留不多，需要替换更新；杉木大部分为小老树，生长不良；香樟树形不佳，病枯严重，逐渐死亡；枫香林、木荷林则密度过大，空间拥挤，枯株多，卫生状况差，蓄积与生物产量不高。

（2）建设目标

建设成密度合理、结构完整、生长加快、以珍贵树种为更新层、兼有季相树种成分的近自然珍贵化生态林。

（3）营造措施

1）疏伐作业。在林分郁闭度大于 0.7 的区块进行疏伐作业。以优良阔叶树为保留木，松、杉、樟及其他低价值阔叶树为采伐对象，以可与珍贵树种伴生的阔叶乔木幼树幼苗为辅助木，伐除干扰木，保留辅助木，释放林内空间。根据环境与植被条件确定疏伐方式。

全面疏伐，适用于立地条件与林相较为均匀的区域。按照"去疏留密"的原则进行非均匀疏伐作业，以在相同强度下创造更有利的种植空间。

带状疏伐，采用水平带疏伐为主，在避免水土流失的前提下，可同时沿山脊、沟谷等进行纵向带状疏伐，带宽 5—15m。伐带在宽度、走向上要有自然变化，从而形成波纹、线状、网状等分布格局。

块状疏伐，采用不同形状与大小的块状疏伐，形成林中空地或人工林窗。林窗大小在 $15m^2$ 以上。

单株择伐，针对某些占据空间过大的低价值霸王树或干形不良的宽大单株，以释放林中空间。

以上各类疏伐强度控制在蓄积量的 20%、总株数的 35% 以内，伐后林分平均郁闭度不低于 0.6，伐带、伐块伐后郁闭度不低于 0.4。对于郁闭度小于 0.6 的区块，则不进行疏伐，开展直接补植。

2）补植。疏伐后，补植浙江楠、浙江樟、苦槠、榧树、红豆杉等阴性珍贵树种，使用一年生容器苗，每 $1/15hm^2$ 栽种 80—100 株，作为更新层，进行珍贵树种储备，以提高森林基底质量。

（4）未成林管理

林下补植幼苗在株高 2m 前，开展未成林常规抚育管理，管理时期、措施与生态游憩林相同。

在幼苗成林前重点开展光照环境管理。随着补植幼苗生长，对林冠下光照通量逐渐提高，及时对上层树木进行 2—3 次疏伐（透光伐），或（并）穿插数次整枝，至最终郁闭度在

0.3—0.5，以改善林下光照条件，促进幼树成林，培育大径级珍贵生态林（图3-24）。

原杉木林

种植红豆杉后

原纯林

林窗补植后

图3-24　近自然林恢复前后

3. 植被重度退化区——季相景观林

（1）原状

这里的重度退化区是指森林植被以灌木占优势，缺少上层乔木的林分。此类林分位于西坡，立地瘠薄，局部岩石裸露。现状为次生灌木林，或松、香樟等人工林。灌木林主要由檵木、白栎、石栗、乌饭、山矾、柃木、赤楠等组成，密度较大；松、樟人工林因病虫危害，逐渐死亡、稀疏，林下满铺苦竹、山油麻、金樱子、葛藤等杂灌木、藤蔓植物，林相杂乱破败，质量低下。

（2）建设目标

建设成以阳性树种为建群种、季相优美、结构完整、演替进展加快的季相景观林。

（3）营造措施

现状林分中局部有枫香、檫树等目标种种源的区块，以定向抚育为主；对于次生灌木林，通过块状、带状清理，释放空间。林地清理时注意乔木幼苗幼树的保护，清理强度控制在总面积的60%以下。对于松、香樟林，进行卫生伐的同时，采取全面、带状、块状方式，清除林下杂竹、杂灌、藤蔓植物，营造幼苗生长环境。疏伐强度控制在蓄积量的20%、总株数的35%以内，伐后林分平均郁闭度0.6左右，伐带、伐块伐后郁闭度0.3左右。

清理、疏伐后植入枫香、三角枫、河桦及北美栎树等高大、阳性乔木树种，每1/15hm² 80—120株，作为建群种或共建种，苗木采用胸径3cm左右的带土球苗，株高大于1.5m时加支撑。同时如空间条件允许，再于林下补植樟楠类、栎类小苗（一年生容器苗），形成复层结构。

（4）未成林管理

补植幼苗在株高2m前，开展未成林常规抚育管理，管理时期、措施与生态游憩林相同。随着补植幼苗的生长，及时对上层树木进行次疏伐，或（并）穿插数次整枝，至最终郁闭度在0.3—0.5。恢复效果见图3-25。

定向抚育前   定向抚育后

原林相   清杂补植三角枫后

图3-25 季相景观林恢复前后

4. 立地退化区——生态矮林

（1）原状

立地退化是指在外力作用下产生的土壤物质流失、理化性质改变、植被丧失的现象。此类地块位于西坡坡脊岗地，海拔较高，土壤瘠薄，局部岩石裸露，现状植被以檵木、白栎及禾本科杂草为主，群落高度 3m 以下，属特困难立地。

（2）建设目标

建设成根系较深、密度较高、生长健康的灌木林或灌木化乔木矮林，以提高固土保水效益，兼顾景观效益。

（3）营造措施

选择立地典型、视觉敏感的区域，对次生灌木密林，采用小块状留桩疏伐或单株留桩择伐，延续森林小环境。留桩高度 0.6—1.2m，为植入幼苗提供遮风、侧方遮阴、地表覆盖等生态防护。采用鱼鳞坑整地，并局部培土，以提高水分保持能力。对于荒草坡，则不进行清理作业，直接进行穴状整地、培土。

另外，引种山樱、野漆树等先锋树种，二年生裸根苗，每 1/15hm² 栽种 150—180 株，作为建群种或共建种，优化林分结构，并营造森林远视景观。其中野漆树采用自然苗与 10cm 高断干两种方式种植，结果成活情况差异不显著。同时，根据抗旱保水试验，瘠薄岗地造林采用塑料薄膜埋地覆盖或保水处理，均可提高成活力，采用覆膜＋25g 保水剂组合效果最优（表3-23）。

表 3-23　瘠薄岗地造林抗旱保水试验结果

处理	成活/株	死亡/株	总计/株	成活率/%
覆膜	38	3	41	92.68
保水剂 50g	40	3	43	93.02
覆膜＋25g	50	1	51	98.04
覆膜＋50g	52	2	54	96.3
CK	39	6	45	86.67

（4）未成林管理

补植幼苗在株高 1.5 米前开展未成林常规抚育管理，管理时期、措施与生态游憩林相同，管理工作主要有补植、割灌、留桩整枝等。生态矮林重建前后效果见图3-26。

原林相

改造后

图 3-26　生态矮林重建前后

参考文献

陈际伸 .2001. 混交林营造及其机理的研究概况 [J]. 江西林业科技，（02）:26–28.

陈利顶、孙然好、刘海莲 .2013. 城市景观格局演变的生态环境效应研究进展 [J]. 生态学报，33:1042–1050.

陈龙、谢高地、盖力强，等 .2011. 道路绿地消减噪声服务功能研究——以北京市为例 [J]. 自然资源学报，26（09）:1526–1534.

陈自新、苏雪痕、刘少宗，等 .1998. 北京城市园林绿化生态效益的研究（2）[J]. 中国园林，14（2）:51–54.

窦攀烽、左舒翟、任引，等 .2019. 气候和土地利用 / 覆被变化对宁波地区生态系统产水服务的影响 [J]. 环境科学学报，39（7）：2398–2409.

杜振宇、邢尚军、宋玉民，等 .2007. 高速公路绿化带对交通噪声的衰减效果研究 [J]. 生态环境，（01）:31–35.

顾晋饴、李一平、杜薇 .2018. 基于 InVEST 模型的太湖流域水源涵养能力评价及其变化特征分析 [J]. 水资源保护，34（3）：62–67, 84.

郭小平、彭海燕、王亮 .2009. 绿化林带对交通噪声的衰减效果 [J]. 环境科学学报，29（12）:2567–2571.

郭中富、倪涌舟 .2013. 降噪绿化林带构建模式探讨 [J]. 环境保护前沿，3（4）：107–110.

扈军、葛坚 .2013. 城市绿化带对交通噪声衰减效果与模拟分析 [J]. 城市环境与城市生态，26（05）:33–36.

李冠衡、熊健、徐梦林，等 .2017. 北京公园绿地边缘植物景观降噪能力与视觉效果的综合研究 [J]. 北京林业大学学报，39（03）:93–104.

李广宇、陈爽、余成，等 .2015. 长三角地区植被退化的空间格局及影响因素分析 [J]. 长江流域资源与环境，24（4）：572–577.

李全、李腾、杨明正，等 .2017. 基于梯度分析的武汉市生态系统服务价值时空分异特征 [J]. 生态学报，37（6）：2118–2125.

林金煌、吴思佳、陈文惠，等 .2018. 闽三角地区森林景观及其生态服务价值遥感动态监测 [J]. 福建师范大学学报（自然科学版），34（06）:78–85.

刘常富、何兴元、陈玮，等 .2006. 沈阳城市森林三维绿量测算 [J] . 北京林业大学学报，28（3）：32 –37.

刘常富、何兴元、陈玮，等 .2008. 基于 QuickBird 和 CITYgreen 的沈阳城市森林效益评价 [J]. 应用生态学报，19: 1865–1870.

刘世荣、代力民、温远光，等 .2015. 面向生态系统服务的森林生态系统经营 : 现状、挑战与展望 [J]，生态学报，35:1–9.

卢慧婷、黄琼中、朱捷缘，等 .2018. 拉萨河流域生态系统类型和质量变化及其对生态系统服务的影响 [J]. 生态学报，38（24）：8911–8918.

吕乐婷、任甜甜、李赛赛，等 .2019. 基于 InVEST 模型的大连市产水量时空变化分析 [J]. 水土保持通报，39（4）：144–150, 157.

潘韬，吴绍洪，戴尔阜，等.2013.基于 InVEST 模型的三江源区生态系统水源供给服务时空变化 [J].应用生态学报，24（1）：183-189.

蒲琪.2017.深圳快速路及主干道交通噪声对其周边建筑的影响研究 [D].哈尔滨：哈尔滨工业大学.

邱问心，张勇，俞佳骏，等.2018.InVEST 模型水源涵养模块实地应用的可行性验证[J].浙江农林大学学报，35（5）：810-817.

沈建章，洪文俊，徐彦杰，等.2017.高速公路绿化林带降噪效果研究 [J].绿色科技，（22）:27-30.

寿飞云，李卓飞，黄璐，等.2020.基于生态系统服务供求评价的空间分异特征与生态格局划分：以长三角城市群为例 [J].生态学报，40（9）：2813 — 2826.

孙伟，王玮璐，郭小平，等.2014.不同类型绿化带对交通噪声的衰减效果比较 [J].植物资源与环境学报，23（02）:87-93.

孙晓梅，勾萍，黄彦青，等.2014.大连市建成区城市森林三维绿化结构研究 [J].环境科学与技术，37（6）：440 -443.

滕明君，曾立雄，肖文发，等.2014.长江三峡库区生态环境变化遥感研究进展 [J].应用生态学报，25（12）：3083-3093.

王保盛，陈华香，董政，等.2020.2030 年闽三角城市群土地利用变化对生态系统水源涵养服务的影响 [J].生态学报，40（2）：484-498.

王东良，金荷仙，范丽琨，等.2013.疗养院人工绿地三维绿量分布特征及影响因子 [J].浙江农林大学学报，30（04）：529-535.

王慧，郭晋平，张芸香，等.2010.公路绿化带降噪效应及其影响因素研究 [J].生态环境学报，19（06）:1403-1408.

韦如萍，薛立.2002.混交林研究进展 [J].湖南林业科技，（03）：78-81.

郗光发.2006.北京建成区城市森林结构与空间发展潜力研究 [D].北京：中国林业科学研究院.

谢高地，甄霖，鲁春霞，等.2008.一个基于专家知识的生态系统服务价值化方法 [J].自然资源学报，23（5）：911-919.

许飞，邱尔发，王成，等.2011.福建省不同类型乡村水岸林的结构特征 [J].林业科学，47（9）：173-180.

游松财，邸苏闯，袁晔.2009.黄土高原地区土壤田间持水量的计算 [J].自然资源学报，24（3）：545 — 552.

袁建，江洪，接程月，等.2012.FORECAST 模型在全球针叶林生态系统研究中的应用 [J].浙江林业科技，06:67-74.

张彪，谢高地，肖玉，等.2010.基于人类需求的生态系统服务分类 [J].中国人口·资源与环境，20（6）：64-67.

张晶，郭小平，王宝，等.2013.绿化带降噪机理及模型研究进展 [J].热带亚热带植物学报，21（04）:381-388.

张庆费，郑思俊，夏檑，等.2007.上海城市绿地植物群落降噪功能及其影响因子 [J].应用生态学报，（10）：2295-2300.

张志永，李全明，南海龙，等．2017.北京平原地区公路典型绿化带降噪功能初探 [J].林业科学研究，30
（02）:329–334.

赵明，孙桂平，何小弟，等．2009.城市绿地群落环境效应研究——以扬州古运河风光带生态林为例 [J].
上海交通大学学报（农业科学版），27（02）:167–170，176.

赵晓松，刘元波，吴桂平．2013.基于遥感的鄱阳湖湖区蒸散特征及环境要素影响 [J].湖泊科学，25（3）:
428–436.

曾旸，郭小平，李雨珂，等．2017.北京市 3 种配置模式绿化带降噪效果的空间变化规律 [J].植物资源与
环境学报，26（02）:68–75.

郑华，李屹峰，欧阳志云，等．2013.生态系统服务功能管理研究进展 [J].生态学报，33（3）:702–710.

周坚华，孙天纵．1995.三维绿色生物量的遥感模式研究与绿化环境效益估算 [J].环境遥感，10（3）:162–
174.

周婷．2018.城市化及其相关驱动因子对长三角城市群植被退化和土地利用变化的影响 [D].杭州：浙江
大学．

周婷，周加来．2018.生态公益林补偿政策对植被覆盖时空格局的影响——以杭州市临安区为例 [J].生态学
报，38（17）:4800–4808.

ABDALLAH S，THOMPSON S，MICHAELSON J，et al.2009. THE HAPPY PLANET INDEX 2.0；London，UK.

ANDERSSON E，AHRNÉ K，PYYKÖNEN M，et al.2009. Patternsandscale relations among urbanization
measures in Stockholm，Sweden[J]. Landscape Ecology，24（10）:1331–1339.

ANIELSKI M，JOHANNESSEN H. 2009. The Edmonton 2008 Genuine Progress Indicator Report；Edmonton.

ARNOD T. 2010. Numerical experiment to revisit micrometeorologyandsound speed calculation in forests[J].
Meteorology and Atmospheric Physics，107: 103 – 108.

BAI X，CHEN J，SHI P. 2012. Landscape urbanizationandeconomic growth in China: Positive feedbacksandsustainability
dilemmas[J]. Environmental Science & Technology，46（1），132–139.

BAI Y，OCHUODHO T O，YANG J. 2019. Impact of land useandclimate change on water–related ecosystem
services inKentucky，USA[J]. Ecol Indic，102:51–64.

BARBIER E B，KOCH E W，SILLIMAN B R，et al. 2008. Coastal ecosystem–based management with nonlinear
ecological functionsandvalues [J]. Science，319（5861）: 321–323.

Beijing Traffic Development Research Center. 2013. Beijing Transport Annual Report.

BOLIN K. 2009. Prediction method for wind–induced vegetation noise [J]. Acta Acust Unit Acust，95（4）: 607–
619.

BORUCKE M，MOORE D，CRANSTON G，et al. 2013. Accounting for demandandsupply of the biosphere's
regenerative capacity: The National Footprint Accounts' underlying methodologyandframework[J]. Ecological
Indicators，24（0），518–533.

CHAN K, SHAW MR, CAMERON DR, et al. 2006.Conservation planning for ecosystem services[J]. Plos Biology, 4（11）:2138–2152.

COSTANZA R, D'ARGER, GROOT R De.1997. The value of the world's ecosystem servicesandnatural capital[J]. World Environment, 25（1）: 3–15.

COSTANZA R, ERICKSON J, FLIGGER K, et al. 2004.Estimates of the Genuine Progress Indicator（GPI）for Vermont, Chittenden CountyandBurlington, from 1950 to 2000[J]. Ecological Economics, 51（1–2）: 139–155.

DAILY GC, MATSON PA. 2008. Ecosystem services: From theory to implementation. Proceedings of the National Academy of Sciences of the United States of America, 105: 9455–9456.

DALY H E. 1995. On Wilfred Beckerman's critique of sustainable development[J]. Environment，4（1）: 49–55.

DAVIES Z G, EDMONDSON J L, HEINEMEYER A, et al.2011. Mapping an urban ecosystem service: quantifying above–ground carbon storage at a city–wide scale[J]. Apply Ecology, 48（5）: 1125–1134.

DE GROOT RS, ALKEMADE R, BRAAT L, et al. 2010. Challenges in integrating the concept of ecosystem servicesandvalues in landscape planning, managementanddecision making[J]. Ecological Complexity, 7: 260–272.

DEEPAK S, AMIT P, SRIVASTAVA A K, et al. 2013. The effects of meteorological parameters in ambient noise modeling studies in Delhi[J]. Environ Moint Assess, 185: 1873–1882.

DONOHUE R J, RODERICK M L, MCVICAR T R.2012. Roots, stormsandsoil pores: Incorporating key ecohydrological processes into Budyko's hydrological model[J]. Journal of Hydrology, 436/437:35–50.

EKINS P. 2011. Environmental sustainability: From environmental valuation to the sustainability gap[J]. Progress in Physical Geography, 35（5）: 629–651.

EKINS P, SIMON S, DEUTSCH L, et al. 2003. A framework for the practical application of the concepts of critical natural capitalandstrong sustainability[J]. Ecological Economics , 44:165–185.

ELKINGTON J. 2004. Enter the triple bottom line. In The triple bottom line: does it all add up?, Henriques A; Richardson J, Eds. Earthscan: London, 1–16.

FU BJ, WU BF, LU YH, et al. 2010. Three Gorges Project: effortsandchallenges for the environment[J]. Progress in Physical Geography, doi:10.1177/0309133310370286.

FAN Y, ZHI YB, ZHU JZ. 2011. An Assessment of Psychological Noise Reduction by Landscape Plants[J].Int J Environ Res Public Health, 8:1032–1048.

GAO J, LI F, GAO H, et al. 2016. The impact of land–use changeon water–related ecosystem services: a study of the GuishuiRiver Basin, Beijing, China[J]. Journal of Cleaner Production, 163（S）: 148–155.

GRAFIUS D R, CORSTANJE R, HARRIS J A. 2018. Linking ecosystem services, urban formandgreen space configuration using multivariate landscape metric analysis[J]. Landscape Ecology, 33（4）: 557–573.

HALL JM, HANDLEY JF, ENNOS AR. 2012. The potential of tree planting to climate-proof high density residential areas in Manchester, UK[J]. LandscapeandUrban Planning, 104（3）: 410–417.

HOLLAND A.1997.Substitutability: or, why strong sustainability is weakandabsurdly strong sustainability is not absurd. In Valuing Nature? Ethics, Economicsandthe Environment, FosterJ, Ed. Routledge, London, 119–134.

HOU L, WU F, XIE X. 2020. The spatial characteristicsandrelationships between landscape patternandecosystem service value along an urban-rural gradient in Xi'an city, China[J]. Ecology Indicators, 108: 105720.

HOYER R, CHANG H. 2015. Assessment of freshwater ecosystem services in the TualatinandYamhill basins under climate changeandurbanization[J]. Apply Geography, 53: 402–416.

HUANG L, WU J, YAN L. 2015. Definingandmeasuring urban sustainability: A review of indicators[J]. Landscape Ecology, 30（7）:1175–1193.

HUANG L, YAN L, WU J. 2016. Assessing urban sustainability of Chinese megacities: 35 years after the economic reformandopen-door policy[J]. LandscapeandUrban Planning, 145: 57–70.

HU W, LI G, GAO Z, et al. 2020. Assessment of the impact of the Poplar Ecological Retreat Project on water conservation in the Dongting Lake wetland region using the InVEST model[J]. Science of the Total Environment, 733: 139423.

ISLAM M N, RAHMAN K S, BAHAR M M.2012.Pollution attenuation by roadside greenbelt inandaround urban areas[J]. Urban For Urban Green, 11: 460–464.

JIM CY, CHEN WY. 2009. Ecosystem servicesandvaluation of urban forests in China[J]. Cities, 26（4）: 187–194.

JIM CY, ZHANG H. 2015. Urbanization effects on spatial-temporal differentiation of tree communities in high-density residential areas[J]. Urban Ecosystems, 18（4）: 1081–1101.

KATES RW, CLARK WC, CORELL R, et al. 2001. Sustainability Science[J]. Science, 292: 641–642.

KARIMA D, EWA B A. 2010. Urban institutionalandecological footprint: A new urban metabolism assessment tool for planning sustainable urban ecosystems [J]. Management of Environmental Quality, 21（1）: 78–82.

KITZES J, PELLER A, GOLDFINGER S, et al. 2007. Current methods for calculating national ecological footprint accounts[J]. Science for environment & sustainable society, 4（1）: 1–9.

KOO JC, MI SP, YOUN YC. 2013. Preferences of urban dwellers on urban forest recreational services in South Korea[J]. Urban Forestry & Urban Greening, 12（2）:200–210.

KUBISZEWSKI I, COSTANZA R, FRANCO C, et al. 2013. Beyond GDP: Measuringandachieving global genuine progress[J]. Ecological Economics , 93（0）: 57–68.

LAI FERN Ow, S. GHOSH. 2017. Urban citiesandroad traffic noise: Reduction through vegetation[J], Applied Acoustics, 120: 15–20.

LANG Y, SONGW, ZHANG Y. 2017. Responses of the water-yield ecosystem service to climateandland use change in Sancha River Basin, China[J]. Physics and Chemistry of the Earth, 101: 102–111.

LAWRENCE A, DE VREESE R, JOHNSTON M, et al. 2013. Urbanforest governance: towards a framework for comparing approaches[J]. Urban forestry & urban greening, 12（4）: 464–473.

LEGESSE D, VALLET-COULOMB C, GASSE F. 2003. Hydrological response of a catchment to climateandland use changes in Tropical Africa: case study South Central Ethiopia[J]. Journal of Hydrology, 275（1）: 67–85.

LI M, JIAN K. 2018. Plant Species Selection Based on Leaf Vibration Experiments, 2018 3rd International Conference on Building MaterialsandConstruction（ICBMC 2018）, Nha Trang, Vietnam.2018:371.

LIU M, LI W, XIE G, 2010. Estimation of China ecological footprint production coefficient based on net primary productivity（in Chinese with English abstract）[J]. Chinese Journal of Ecology, 29（3）: 592–597.

LOGSDON R A, CHAUBEY I. 2013. A quantitative approach to evaluating ecosystem services[J]. Ecology Modelling, 257（24）: 57–65. Maryland Genuine Progress Indicator.http://www.dnr.maryland.gov/mdgpi/.

MILLENNIUM ECOSYSTEM ASSESSMENT. 2005. EcosystemandHuman Well-being: Synthesis[M]. Washington DC: Island Press, 2005: 137.

MOREIRA M, FONSECA C, VERGÍLIO M, et al. 2018. Spatial assessment of habitat conservation status in a Macaronesian island based on the InVEST model: a case study of Pico Island（Azores, Portugal）[J]. Land Use Policy, 78: 637 — 649.

NAGENDRA H, REYERS B, LAVOREL S. 2013. current opinion in environmental sustainability, 5:503–508.

NAEEM S, INGRAM JC, VARGA A, et al. 2008. Global mapping of ecosystem servicesandconservation priorities[J]. Proceedings of the National Academy of Sciences, 105（28）: 9495–9500.

NALEWANKOVÁ P, SITKOVÁ Z, KUCERA J, et al. 2020. Impact of water deficit on seasonalanddiurnal dynamics of European Beech transpirationandtime-lag effect between stand transpirationandenvironmental drivers[J]. Water, 12（12）: 3437.

National Research Council. 1999. Our Common Journey: A Transition Toward Sustainability. National Academy Press: Washington D.C.

NIE W, YUAN Y, KEPNER W, et al. 2011. Assessing impacts of land useandland cover changes on hydrology forthe upper San Pedro watershed[J]. Journal of Hydrology, 407: 105–114.

PATHAK V, TRIPATHI B D, MISHRA V K. 2008. Dynamics of traffic noise in a tropical city Varanasiandits abatement through vegetation[J]. Environmental Monitoring and Assessment, 146: 67–75.

PELENC J, BALLET J. 2015. Strong sustainability, critical natural capitalandthe capability approach[J]. Ecological Economics 112, 36–44.

PESSACG N, FLAHERTY S, BRANDIZI L, et al. 2015. Getting water right: a case study in water yield modelling based on precipitation data[J]. Science of the Total Environment, 537: 225–234.

POSNER SM, COSTANZA R. 2011. A summary of ISEWandGPI studies at multiple scalesandnew estimates for

Baltimore City, Baltimore County, andthe State of Maryland[J]. Ecological Economics, 70（11）: 1972–1980.

POLASKY S, TALLIS H, REYERS B. 2015. Setting the bar: Standards for ecosystem services[J]. Proceedings of the National Academy of Sciences, 112（24）: 7356–7361.

PRESCOTT–ALLEN R. 1997. Barometer of sustainability. In Sustainability Indicators: A Report on the Project on Indicators of Sustainable Development, Moldan, B.; Billharz, S.; Matravers, R., Eds. Wiley: Chichester, 133–137.

PRESCOTT–ALLEN R. 2001. The wellbeing of nations: a country–by–country index of quality of lifeandthe environment, Island Press. Washington, Covelo, London.

REES W, WACKERNAGEL M. 1996. Urban ecological footprints: Why cities cannot be sustainableandwhy they are a key to sustainability[J]. Environmental Impact Assessment Review, 16: 223–248.

REN Y, YAN J, WEI X, et al. 2012. Effects of rapid urban sprawl on urban forest carbon stocks: Integrating remotely sensed, GISandforest inventory data[J]. Journal of Environmental Management, 113: 447–455.

RENTERGHEM T V, BOTTELDOOREN D, VERHEVEN K. 2012. Road traffic noise shielding by vegetation belts of limited depth[J]. Journal of Sound and Vibration, 331: 2404–2425.

SAMPLE J E, BABER I, BADGER R. 2016. A spatially distributed risk screening tool to assess climateandland use change impacts on water–related ecosystem services[J]. Environment Modelling Software, 83: 12–26.

SEYED ATA OLLAH HOSSEINI, SEYRAN ZANDI, ASGHAR FALLAH, et al. 2016. Effects of geometric design of forest roadandroadside vegetation on traffic noise reduction[J]. Journal of Forestry Research, 27:463–468.

STROHBACH MW, HAASE D. 2012. Above–ground carbon storage by urban trees in Leipzig, Germany: Analysis of patterns in a European city[J]. LandscapeandUrban Planning, 104（1）:95–104.

TALLIS M, TAYLOR G, SINNETT D, et al. 2011.Estimating the removal of atmospheric particulate pollution by the urban tree canopy of London, under currentandfuture environments[J]. LandscapeandUrban Planning, 103: 129–138.

VAN RENTERGHEM, TIMOTHY, ATTENBOROUGH, et al. 2013. Measured light vehicle noise reduction by hedges[J]. Applied Acoustics, 78: 19–27.

VENETOULIS J, COBB C. 2004. The Genuine Progress Indicator 1950–2002（2004 Update）; San Francisco, CA.

VEISTEN K, SMYRONVA Y, KLÆBOLE R, et al. 2012. Valuation of green wallsandgreen roofs as soundscape measures: Including monetised amenity values together with noise–attenuation values in a cost–benefit analysis of a green wall affecting courtyards[J]. Int J Environ Res Public Health, 9: 3770–3788.

VIGERSTOL K L, AUKEMA J E. 2011. A comparison of tools for modeling freshwater ecosystem services[J]. Journal of Environmental Management, 92（10）: 2403–2409.

VILLAMAGNA A M, ANGERMEIER P L, BENNETT E M . 2013. Capacity, pressure, demand, andflow: A conceptual framework for analyzing ecosystem service provisionanddelivery[J]. Ecological Complexity，15（5）：114-121.

WACKERNAGEL M, SCHULZ NB, DEUMLING D, et al. 2002. Tracking the ecological overshoot of the human economy. Proceedings of the National Academy of Sciences（USA），99，9266-9271.

WEN Z, YANG Y, LAWN PA. 2008. From GDP to GPI: quantifying thirty-five years of development in China. In Sustainable Welfare in the Asia-Pacific: Studies Using the Genuine Progress Indicator, Lawn, P. A.; Clarke, M., Eds. Edward Elgar Publishing: Cheltenham, UK, 228 - 259.

WEN Z, ZHANG K, DU B, et al. 2007. Case study on the use of genuine progress indicator to measure urban economic welfare in China. Ecological Economics，63：463-475.

WILSON MC, WU J. 2016. The problems of weak sustainabilityandassociated indicators（Accepted）. International Journal of Sustainable Development & World Ecology.

World Resources Institute. 2013. Greenhouse Gas Accounting Tool for Chinese Cities（Pilot Version 1.0）; Beijing, China.

World Commission on EnvironmentandDevelopment（WCED），1987. Our Common Future. Oxford University Press: New York.

World Resources Institute. 2013. Greenhouse Gas Accounting Tool for Chinese Cities（Pilot Version 1.0）; Beijing, China.

World Urbanization Prospects. 2018. http://esa.un.org/unpd/wup/.

WU J. 2013.Key conceptsandresearch topics in landscape ecology revisited: 30 years after the Allerton Park workshop[J]. Landscape Ecology，28（1）:1-11.

WU J. 2013.Landscape sustainability science: ecosystem servicesandhuman well-being in changing landscapes[J]. Landscape Ecology，28（6），999-1023.

WU J, WU T.2012.Sustainability indicatorsandindices: an overview. In Handbook of Sustainable Management, Madu CN; Kuei C, Eds. Imperial College Press: London，65-86.

WU J, XIANG W, ZHAO J.2014. Urban ecology in China: Historical developmentsandfuture directions[J]. LandscapeandUrban Planning，125：222-233.

XIE H, WANG L, CHEN X.2008. ImprovementandApplication of Ecological Footprint Model（in Chinese）. 1 ed.; Chemical industry press: Beijing，185.

YU Z, YAO Y, YANG G, et al. 2019. Strong contribution of rapid urbanizationandurban agglomeration development to regional thermal environment dynamicsandevolution[J]. Forest Ecology and Management，446: 214-225.

ZHANG C , LI W, ZHANG B, et al. 2012. Water yield of Xitiaoxi River Basin based on InVEST modeling[J]. Journal of Resources and Ecology，3（1）: 50-54.

ZHENG H, LI YF, ROBINSON B E, et al. 2016. Using ecosystem service trade-offs to inform water conservation policiesandmanagement practices[J]. Front Ecology Environment，14（10）：527–532.

ZHANG L，HICKEL K，DAWES W R，et al. 2004. A rational function approach for estimating mean annual evapotranspiration [J]. Water Resources Research，40（2）：89–97.

ZHANG K，WEN Z，DU B，et al. 2008. A multiple–indicators approach to monitoring urban sustainable development. In Ecology，PlanningandManagement of Urban Forests: International Perspectives，Carreiro，MM；Song YC；Wu JG，Eds. Springer: New York；35–52.

ZHAO S，ZHOU D，ZHU C，et al. 2015. Ratesandpatterns of urban expansion in China's 32 major cities over the past three decades[J]. Landscape Ecology，30（8）：1541–1559.

第四章　长三角地区水安全精细化评估与可持续水管理研究

一、长三角地区水安全精细化评估与可持续水管理研究的背景

在全球变化的大背景下，生态安全问题日益严重，成为国际环境学家和生态学家关注的热点领域（Peng 等，2018；Lu 等，2020；Huang 等，2020）。水是重要的自然生态要素，其安全格局也是流域和区域生态安全格局优化的重要组成部分（Veettil 和 Mishra，2018；Sen 和 Kansal，2019；Chawla 等，2020）。水安全是一个动态概念，随着利益相关者的利益而演变，可能涉及淡水供应、水资源短缺、水资源管理、洪水风险和国家安全（Damkjaer 和 Taylor，2017；Howlett 和 Cuenca，2017）。其研究范围从"广泛"到"狭隘"，从"学术"到"应用"（Bakker，2012），核心目的是指导环境规划和管理。综合现有水安全的相关概念，本研究将其定义为：在一定流域或区域内，基于社会发展现状、可预测技术和可持续发展原则，水资源和水环境能够维持经济发展和生态系统健康的状态。流域和区域水安全一直是全球关注的焦点（Bakker，2012；Mekonnen 和 Hoekstra，2016；Veettil 和 Mishra，2020）。因为大量的人口生活在河流两岸的冲积平原、河口三角洲和沿海平原。例如，长江三角洲是中国最发达的地区，面积 35.8 万 km^2，人口 2.27 亿。淡水供应对区域经济和生态系统的可持续发展至关重要（Lang 等，2017）。然而，人类对淡水资源日益增长的需求，加上水的污染和浪费，加剧了水资源短缺，在许多地区造成了水安全危机（Shomar 和 Dare，2015）。它对生态安全、粮食安全乃至国家安全都有重大影响。

水安全是一项紧迫的政策优先事项，需要适当的指标来评估当前状况并指导行动（Jensen 和 Wu，2018）。研究供需之间的不平衡的指数，有 Falkenmar 水压力指数（Falkenmark，1989）和水短缺指数（Sullivan，2002）。长期以来，传统水文模型一直被用于水资源管理，以评估水安全（Lüke 和 Hack，2018）。然而，生态系统和人类活动之间的区域反馈变得非常重要（Hoekstra 等，2018；Reyers 等，2013），这导致了流域管理战略的演变。生态系统服务评估模型开始应用于水资源评估和管理。生态系统服务评价模型可以在流域或水文响应单元（HRU）提供水相关生态系统服务时空异质性的详细信息。例如，生态系统服务功能综合评价与权衡（InVEST）模型适用于评估土地利用／土地覆盖变化对生态系统服务功能的影响（Vigerstol 等，2011），在中国（Zheng 等，2016；Hu 等，2020；Cong 和 Sun，2020）和国际（Wang 等，2017；Redhead 等，2018）应用广泛。该模型具有输入数据易于大面积获取和可考虑非点源污染的优点。该模型还能够很好地模拟总氮（TN）和总磷（TP）

空间分布，这是人类活动压力下区域地表水污染的重要指标（Zheng 等，2016）。

　　水安全往往是一个政策问题，行政边界通常决定了决策者分析的尺度。因此，研究内容包括风险分析、水资源配置、污染缓解和国家安全战略（Ouyang 等，2004）。Sun 等人（2016）报告称，由于数据可用性和方法的性质，中国约 80% 的水安全评估基于行政边界尺度。然而，大范围和大尺度的分析不能支持城市环境管理决策。首先，基于统计年鉴或统计数据的评估结果只能是战略目标。此外，空间发展规划对特定区县市和城镇的标准与目标要求不一。栅格尺度的水安全评估是精细化资源和环境管理的前提，也是未来发展的方向（Mekonnen 和 Hoekstra，2016）。其次，管理者必须确定为实现战略水安全目标而采取适当的决定。例如，如果选择了生态系统服务付费机制，则必须确定将在哪些区域实施该机制和补偿的受益人和付款人。这在缺乏监测数据的地区尤其困难。生态补偿在世界范围内得到了广泛的应用，在生态补偿界定和补偿分配的基础上，水资源管理者需要更简单地输入参数和更精细的尺度评估结果。

　　针对上述问题，本研究提出了基于 InVEST 模型的栅格尺度水安全评估方法，主要内容有评估 1980 年、1990 年、2000 年、2010 年和 2015 年长三角地区 26 个城市的产水量，分析其时空格局演变；量化气候波动和人类活动对长三角地区产水量变化的贡献率；提出栅格尺度的水安全评估方法，以长三角地区 15 个重点城市为例，对该方法进行验证，并分析研究区域的水安全格局；论证提出的水安全评估方法适用于区域环境管理，如县级行政单位的未来发展指引，以及地表水生态补偿的资金分配策略；基于环境物联网技术，快速的水安全评估结果还可以为环境管理部门提供数据和技术支撑。

二、长三角地区产水量评估及时空格局

（一）长三角地区产水量评估研究的背景

　　生态系统服务是指生态系统为促进人类的生存和发展而形成的环境条件和效用（Daily，1997）。生态系统服务是人类生存和发展的基础，与人类福祉密切相关（Costanza 等，1997）。近年来，生态系统服务受到广泛关注，有关生态系统服务评估的研究越来越多（Fisher 等，2009；Fang 等，2015）。有研究表明，在过去的 50 年中，2/3 的生态系统服务功能出现衰退，而这种衰退很可能对人类福祉产生巨大的负面影响（Reid 等，2005）。提供水资源是重要的生态系统服务功能之一，对区域经济和生态系统的可持续发展具有重要作用（Lang 等，2017）。随着经济的快速发展和城市化进程的加快，人类活动对水资源的需求量迅速增加。与此同时，水环境污染和水资源浪费现象严重，这就导致部分地区出现缺水问题（Shomar 等，2014；Deng 等，2015；何伟等，2018）。水资源短缺将直接影响区域经济和生态系统的

可持续发展（Hess 等，2015；Smith 等，2015），在此背景下研究生态系统产水服务的影响因素显得尤为重要。

有多种模型可以评估水相关的生态系统服务，包括 InVEST 模型（Integrated Valuation of Ecosystem Services 和 Tradeoffs）、SWAT 模型（Soil 和 Water Assessment Tool）和 ARIES 模型（Artificial Intelligence for Ecosystem Services）。与 SWAT 和 ARIES 模型相比，InVEST 模型更适合评估土地利用/覆被变化对生态系统服务的影响（Vigerstol 等，2011），在世界范围内应用广泛。Gao 等（2017）利用 InVEST 模型评估了中国北京桂水河流域土地利用变化对水相关生态系统服务（产水、水质净化和水土保持）的影响。Lang 等（2017）利用 InVEST 模型评估了中国三岔河流域生态系统产水服务对气候和土地利用变化的响应。Xiao 等（2015）利用 InVEST 模型评估了中国重庆地区水流量调节的变化。Polasky 等（2011）使用 InVEST 模型评估了明尼苏达州不同土地利用情景下的生态系统服务。InVEST 模型已被证明能够可靠地评估多种生态系统服务，包括与水相关的生态系统服务（Logsdon 等，2013）。

长三角城市群位于中国大陆东海岸（115°46′—122°16′ E，28°01′—34°28′ N），包含上海市、浙江省、江苏省和安徽省的 26 个城市（图 4-1），面积约 206370 km²，是"一带一路"与长江经济带的重要交汇地带，是中国第一大经济区。研究区域属于亚热带季风气候，年平均气温为 16.3 ℃，年降水量为 1426.4 mm。长三角地区是长江入海前形成的冲积平原，地形以平原和丘陵为主，研究区南高北低，平均海拔 108.6 m。其土地利用/覆被类型主要包括耕地、林地、草地、水域、建设用地和未利用地。研究区河网密布，水资源丰富，天然的水环境良好，但近年来水质一直在下降，存在水质型缺水问题。

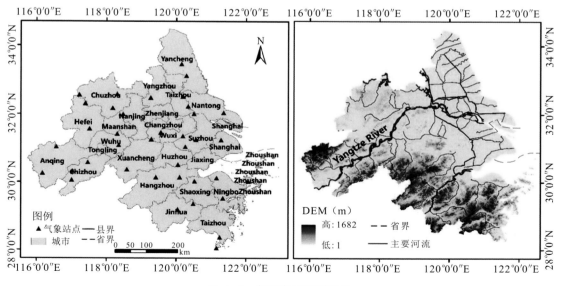

图 4-1　长三角城市群区位

（二）长三角地区产水量时空分布格局绘图方法

1. 产水量评估

本研究利用 InVEST 模型中的产水量模块模拟区域产水量。InVEST 模型是美国自然资本项目组开发的，用于评估生态系统服务，为生态系统管理提供决策方案的一套模型系统，主要包括产水量、碳储量、生境风险评估和侵蚀防护等模块。产水量模块主要基于 Budyko 水热耦合平衡假设，模型假设除了蒸发以外的其他水都到达流域出水口（Sharp 等，2016）。模型以栅格为单位进行计算。流域内每个栅格单元 x 的年产水量 $Y(x)$ 的计算公式如下：

$$Y(x)=\left\{1-\frac{AET(x)}{P(x)}\right\}\times P(x) \qquad 公式4-1$$

式中，$AET(x)$ 为栅格单元 x 的年实际蒸散量，$P(x)$ 为栅格单元 x 的年降水量。不同土地利用或覆被类型的植被蒸发，采用 Zhang 等（2004）提出的计算公式：

$$\frac{AET(x)}{P(x)}=1+\frac{PET(x)}{P(x)}-\left\{1+\left\{\frac{PET(x)}{P(x)}\right\}^w\right\}^{1/w} \qquad 公式4-2$$

式中，$PET(x)$ 为潜在蒸散量，$w(x)$ 为自然气候 – 土壤性质的非物理参数。

$$PET(x)=k_c(l_x)\times ET_0(x) \qquad 公式4-3$$

式中，$K_c(l_x)$ 为栅格单元 x 中土地利用/覆被类型的蒸散系数，取值范围在 0—1.5 之间。$ET_0(x)$ 为栅格单元 x 的潜在蒸散量，采用改进的 Hargreaves 公式（Droogers 等，2002）计算：

$$ET_0=0.0013\times0.408\times RA\times(T_{av}+17)\times(TD-0.0123P)^{0.76} \qquad 公式4-4$$

式中，RA 为太阳辐射量，T_{av} 为日最高气温和最低气温的平均值，TD 为日最高气温和最低气温的差值，P 为降水量。

$w(x)$ 是经验参数，基于全球数据的 $w(x)$ 公式亟待进一步探讨，InVEST 模型采用 Donohue 等（2012）提出的计算公式：

$$w(x)=Z\frac{AWC(x)}{P(x)}+1.25 \qquad 公式4-5$$

式中，Z 为季节常数，$AWC(x)$ 为土壤有效含水量，由植物可利用含水量（PAWC），以及土壤深度和根系深度的最小值决定：

$$AWC(x)=Min(Rest.\ layer.\ depth,\ root,\ depth)\times PAWC \qquad 公式4-6$$

式中，$PAWC$ 为植物可利用含水量，即田间持水量和萎蔫点之间的差值，采用 Zhou 等（2005）提出的经验公式计算：

$$PAWC=54.509-0.132sand-0.003（sand）^2-0.055silt-0.006（silt）^2-0.738clay+$$
$$0.007（clay）^2-2.699OM+0.501（OM）^2 \quad \text{公式 4-7}$$

式中，*sand* 为土壤沙粒含量，*silt* 为土壤粉粒含量，*clay* 为土壤黏粒含量，*OM* 为土壤有机质含量。

2. 数据来源与处理

本研究所需要的数据主要包括气象数据、土地利用 / 覆被、土壤数据、数字高程（DEM）等。气温、降水和太阳辐射量等气象数据来源于中国气象数据网（http://data.cma.cn），研究区域内共有 38 个气象站点，利用专业的气象插值软件 ANUSPLIN 处理得到分辨率为 1 km 的栅格数据。土地利用 / 覆被（LULC）数据来源于中国科学院资源环境科学数据中心（http://www.resdc.cn），包括 1980 年、1990 年、2000 年、2010 年和 2015 年 5 期，数据生产制作是以 Landsat TM/ETM 遥感影像为主要数据源，分辨率为 1 km。研究区域内土地利用 / 覆被类型分为 6 个一级类型和 19 个二级类型。土壤数据来源于中国科学院寒区旱区科学数据中心（http://westdc.westgis.ac.cn），包括土壤深度、土壤质地、土壤有机质含量等。土壤的根系最大埋藏深度使用土壤深度数据代替（Sharp 等，2016）。高程数据来源于地理空间数据云（http://www.gscloud.cn），分辨率为 1 km，利用 SWAT 模型进行子流域划分，研究区域被划分为 1017 个小流域。蒸散系数采用联合国粮农组织的参考值（http://www.fao.org/docrep/X0490E/x0490e0b.htm）。水资源总量和需水量数据来源于上海市、浙江省、江苏省和安徽省的《水资源公报》。

3. 模型校验

本研究使用高精度输入数据、交叉验证、敏感性分析等多种方法来保证模型输出结果的准确性。土地利用 / 覆被数据是中国科学院资源环境科学数据中心的数据产品，来源于中国土地利用现状遥感监测数据库，该数据库是目前中国精度最高的土地利用遥感监测数据产品，已经在中国土地资源调查、水文、生态研究中发挥着重要作用。利用留一交叉验证对年降水量和年潜在蒸散量的插值结果进行验证，5 个年份降水量插值结果的均方根误差范围为 72.23—80.60 mm，潜在蒸散量的均方根误差范围为 37.22—43.75 mm。

Z 参数为季节常数，代表区域降水分布和其他水文地质特征，取值范围在 1—30 之间（Sharp 等，2015）。Budyko 干燥度指数理论表明，Z 值越高，模型结果受季节常数 Z 影响越小（Zhang 等，2004）。通过敏感性分析，Z 参数在 1—30 之间取值，模型模拟产水量与实际地表水资源量的相对误差在 1.65%—13.67% 之间变化。当 Z 参数取值为 30 时，相对误差最小，模型模拟效果达到最优。

（三）长三角地区产水量时空格局特征分析

在气候变化和人类活动的共同作用下，2015 年长三角地区的产水量比 1980 年增加了 225.40 mm（30.33%）（图 4-2）。1980—2015 年长三角地区的产水量呈 "V" 形发展，整体呈上升趋势。其变化范围为 582.80—968.52 mm，其中 2015 年最高（968.52 mm），2000 年最低（582.80 mm），平均值为 767.25 mm。从空间分布来看，产水量的格局变化较小，整体呈南高北低分布，高值区域主要分布在南部的山区和长江上游（特指研究区域的上游，主要在安徽省境内）。从行政单元来看，1980 年产水量较高的城市有池州（937.44 mm）、安庆（934.18 mm）和铜陵（907.52 mm），这 3 个城市都属于安徽省；较低的城市有盐城（526.80 mm）、扬州（568.27 mm）和泰州（588.08 mm），这 3 个城市都属于江苏省。2015 年产水量较高的城市有金华（1278.10 mm），池州（1269.91 mm）和杭州（1253.87 mm），较低的城市有舟山（580.43 mm）、滁州（628.56 mm）和合肥（726.18 mm）。

从土地利用 / 覆被类型来看，草地的产水量最高，1980—2015 年的平均值为 1162.32 mm，其次为未利用地（1082.10 mm）、建设用地（969.30 mm）、耕地（817.57 mm）和林地（804.63 mm），水域的最低（678.06 mm）。

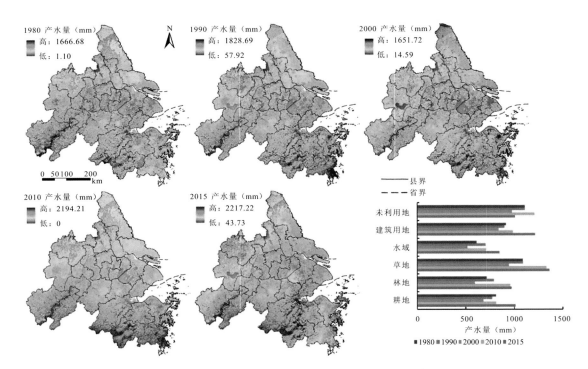

图 4-2　1980—2015 年长三角地区产水量的时空格局

三、气候波动和人类活动对长三角地区产水量变化的影响

（一）产水量变化影响因素的研究背景

产水量受到气候变化和土地利用 / 覆被变化的综合影响（潘韬等，2013；Sun 等，2015；徐洁等，2016）。气候变化可以通过改变流域的降水和蒸发（太阳辐射、温度和降水）来影响产水量（Legesse 等，2003）。土地利用 / 覆被变化会改变流域水循环，影响蒸散作用、下渗过程和持水模型，进而影响产水量（Sharp 等，2015）。Gao 等（2017）研究了土地利用变化如何影响水相关的生态系统服务，发现建设用地的增加会提高产水量。Pessacg 等（2015）通过评估流域的产水量，发现降水量变化会导致产水量的显著差异。Nie 等（2011）研究了土地利用变化对水资源的影响，发现城市化增加了产水量。Zhan 等（2011）估算了密云水库上游的水资源量，认为土地利用变化是该地区产水量变化的主要驱动力。总之，这些研究表明气候和土地利用变化都对生态系统产水服务有着深远影响。但大多数研究只关注气候或土地利用 / 覆被变化单个因素对产水量的影响，很少有研究综合评估两者对产水量的影响，另外对两者贡献程度量化的研究也较少。

情景分析可以模拟不同情景下气候变化和土地利用 / 覆被变化对生态系统服务的影响，为最优的生态系统服务方案提供决策信息（Bennett 等，2009；Geneletti，2013）。Gao 等（2017）设计了 4 种土地利用方案，评估未来土地利用变化对水相关生态系统服务的影响，研究发现土壤保持会增加产水量。Lang 等（2017）设计 3 种情景对产水量变化进行模拟，发现降水变化对产水量影响显著。Polasky 等（2011）评估了多种土地利用变化情景对美国明尼苏达州水质的影响，发现农业扩张会导致水质的显著下降。

（二）探明产水量变化影响因素的方法

产水量变化的影响因素主要分为 3 个部分：场地因素（土壤质地、根系深度、PAWC、DEM）、气候因素（气温、降水、蒸散量）和土地利用 / 覆被。其中，场地因素在短时期内不会改变，发生变化的主要是气候因素和土地利用 / 覆被。我们根据控制变量的原理，设计了 20 种情景（表 4-1），模拟不同情景下的产水量，量化气候波动和人类活动对产水量变化的贡献率。计算公式如下：

$$R_C = \frac{C}{C+L} \times 100\% \qquad\qquad 公式 4-8$$

$$R_L = \frac{L}{C+L} \times 100\% \qquad\qquad 公式 4-9$$

式中，R_C 为气候波动对产水量变化的贡献率，R_L 为人类活动对产水量变化的贡献率，C 是气候波动情景下产水量的变化量，L 是人类活动情景下产水量的变化量。

表 4-1　气候变化和土地利用或覆被变化的情景设计

	情景 / 年	气候因素 / 年	土地利用或覆被 / 年
基准情景	1980	1980	1980
	1990	1990	1990
	2000	2000	2000
	2010	2010	2010
	2015	2015	2015
气候变化情景	情景 1	1990	1980
	情景 2	2000	1980
	情景 3	2010	1980
	情景 4	2015	1980
	情景 5	2000	1990
	情景 6	2010	1990
	情景 7	2015	1990
	情景 8	2010	2000
	情景 9	2015	2000
	情景 10	2015	2010
土地利用或覆被变化情景	情景 11	1980	1990
	情景 12	1980	2000
	情景 13	1980	2010
	情景 14	1980	2015
	情景 15	1990	2000
	情景 16	1990	2010
	情景 17	1990	2015
	情景 18	2000	2010
	情景 19	2000	2015
	情景 20	2010	2015

（三）气候波动对长三角地区产水量变化的影响

1980—2015 年长三角地区的平均气温呈上升趋势（图 4-3），35 年间气温上升了 1.09 ℃。

年平均气温在15.16—16.72℃之间变化，其中2010年最高（16.72℃），1980年最低（15.16℃），平均为16.26℃。从空间分布来看，年平均气温从南向北递减，但是南部山区也有部分低值区域。1980—2015年长三角城市群的降水量呈"V"形发展，2015年的降水量比1980年增加了234.50 mm。年降水量在1235.22—1634.22 mm之间变化，其中2015年最高（1634.22 mm），2000年最低（1235.22 mm），平均为1426.39 mm。从空间分布来看，年降水量从南向北依次递减。

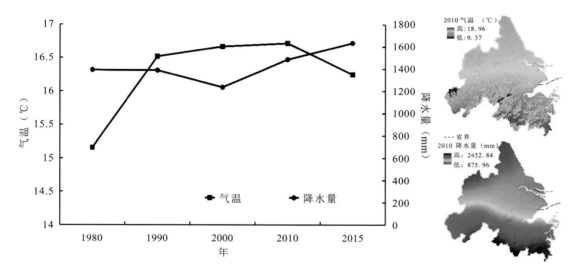

图4-3　1980—2015年长三角地区平均气温和降水量变化

（四）人类活动对长三角地区产水量变化的影响

1980—2015年人类活动导致长三角地区的土地利用/覆被发生了较大变化（图4-4），特别是建设用地，增加了将近1倍。面积变化最大的是耕地，35年间减少了12056 km²（10.51%），其中在2000—2010年之间减少得最多（5611 km²）。变化幅度最大的是建设用地，增加了11436 km²（93.67%），其中在2000—2010年之间增加得最多（5518 km²）。另外，林地增加了2012 km²（3.68%），水域增加了614 km²（3.98%），未利用地增加了5 km²（11.36%），但草地减少了1957 km²（3.55%）。

耕地是长三角地区面积最大的土地利用/覆被类型，2015年占比为49.74%，其次为林地（27.45%）和建设用地（11.46%），未利用地占比最小（0.02%）。从空间分布来看，耕地主要分布在研究区域的北部，林地主要分布在南部的山区，建设用地主要分布在长江沿岸和入海口附近。

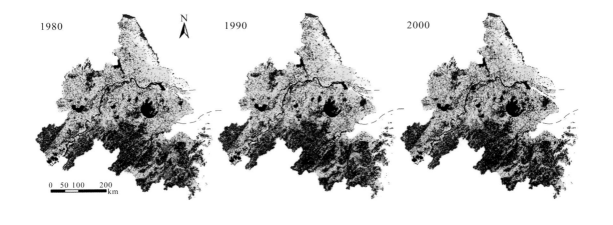

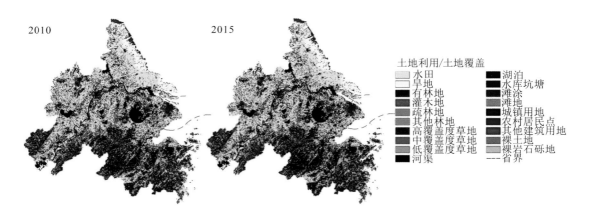

图 4-4　1980—2015 年长三角地区土地利用或覆被变化

（五）影响产水量变化的因子贡献率

统计了 20 种情景模拟结果，气候变化对产水量变化的贡献率范围为 73.54%—99.30%，平均值为 95.86%；人类活动的贡献率范围为 0.70%—26.46%，平均值为 4.14%。其中，10 年、20 年、30 年和 35 年期气候变化的贡献率平均值分别为 90.75%、95.58%、98.67% 和 99.30%，人类活动的贡献率平均值分别为 9.25%、4.42%、1.33% 和 0.70%。很明显，气候变化对产水量变化的贡献率远远高于人类活动，气候变化对产水量的影响更为显著，而人类活动的影响较小。并且随着时间间隔的增加，气候变化的贡献率逐渐变大，人类活动的贡献率逐渐变小。这表明在较长时期内，气候变化对产水量变化起着决定性作用，而人类活动对产水量变化的影响几乎可以忽略不计。

四、长三角地区 15 个重点城市水安全评估

（一）研究区域

本研究区域（116.68°—122.27° E, 28.85°—33.42° N）面积为 118192.33 km²（图 4-5），包括上海和 14 个重点城市。本研究的城市定义是指行政单位，包括建成区和郊区。根据政府部门发布的不同文件，长三角城市群的边界有所不同。本研究选择了 15 个经济高度发达、工业化、城市化和人类活动密集的重点城市。它们对于开展水安全评估和可持续水资源管理具有重要意义。

研究区属亚热带季风气候，2015 年平均年降水量 1826.9mm，蒸散量 664.9mm。工业和生活用水取自附近的饮用水源，农业灌溉则直接从附近的河流取水。因此，对长距离调水的要求很少。该地区海拔由西南向东北递减，主要分布在平原和丘陵地带。

长三角地区是中国沿海最发达的地区，包括江苏、安徽、浙江等省的大城市和上海市。长三角地区的环境管理日趋一体化，水安全是制约区域经济发展的关键环境问题。水资源主要来源于地表水，占总用水量不足 1% 的地下水可忽略不计。然而，这个地区的天然水受到严重污染。根据 GB 3838-2002《中国地表水水质标准》，地表水分为 5 类。2015 年全国监测站地表水水质达到 III 类（TN ≤ 1.0mg/L, TP ≤ 0.2mg/L）的比例仅为 45.27%（全国为 64.5%）。

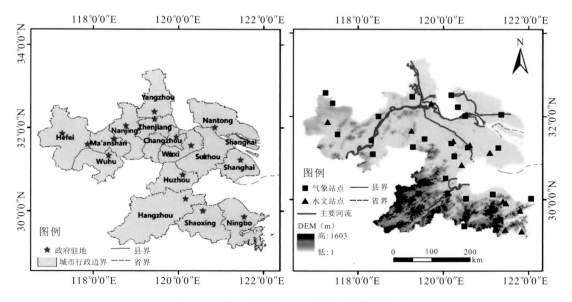

图 4-5　长三角地区 15 个重点城市的区位

（二）水安全评估框架

本研究提出了一个细化和系统的技术框架，以评估区域水安全，包括水资源安全、水环境安全、开发和利用潜力，如图 4-6 所示。

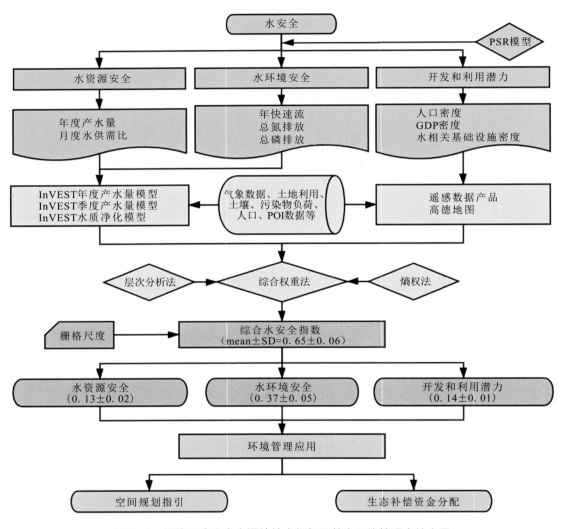

图 4-6　栅格尺度水安全评估技术框架及其在环境管理中的应用

1. 水安全指标体系

水资源、水环境、开发和利用潜力 3 个系统相互联系、相互作用，形成统一复杂的水安全体系。本研究遵循压力—状态—响应（PSR）模型的逻辑来选择可以在网格尺度上空间化的指标。指标层由 8 个指标组成，涵盖了水安全的基本特征（表 4-2）。选取 8 个指标构建水安全指标体系，主要有 3 个原因：① 8 个指标根据水安全的 3 个子系统涵盖了水安全的基本特征。② 8 个指标综合考虑了研究区的特点。有研究使用大量指标构建指标体系，能够充分刻画水安全的特征，但大多数指标没有考虑区域特征，可能不适用于我们的研究区域。③ 8 个指标可以在栅格尺度上进行空间化。指标的空间化也是我们在选择指标时考虑的主要问题。例如，利用 InVEST 模型可以很好地模拟表征水环境的两个指标，得到空间结果。

表 4-2　栅格尺度水安全评估指标体系和权重

目标层	准则层	指标层（+/-）	PSR 类型	单位	层次分析法权重	熵权法权重	组合权重
水安全	水资源安全	年产水量（+）	状态	m^3/km^2	0.0427	0.1308	0.0868
		季节水资源供需比（+）	状态	无	0.2133	0.1396	0.1765
	水环境安全	年度快速流（+）	状态	mm/km^2	0.1342	0.1220	0.1281
		总氮排放（-）	压力	kg/km^2	0.2683	0.1197	0.1940
		总磷排放（-）	压力	kg/km^2	0.2683	0.1193	0.1938
	开发和利用潜力	人口密度（-）	压力	人 /km^2	0.0183	0.1286	0.0735
		GDP 密度（-）	压力	元 /km^2	0.0183	0.1275	0.0729
		水相关基础设施密度（+）	响应	个 /km^2	0.0366	0.1125	0.0746

指标权重是水安全评价的重要内容。层次分析法（AHP）使用专家打分，结合定量和定性分析，确定每个指标的相对重要性（Saaty，2008）。然而，这种评分是主观的。熵权法是一种客观的定权方法。利用信息熵，根据各指标的变化程度计算各指标的权重（Pan 等，2015）。熵权法在一定程度上避免了主观性，但没有考虑到决策者的优先权。主客观相结合的组合权重法能有效地解决单权重法的缺点。利用层次分析法（AHP）和熵权法的算术平均值，作为各指标的综合权重。

2. 数据来源与处理

气象资料包括日降水量、温度、相对湿度、风速和日照时数等，利用台站生成的泰森多边形将研究区划分为 26 个气候区。根据各气象站的降水资料，计算了 26 个气候区的降雨事件。以陆地卫星 TM/ETM 遥感影像为主要数据源，确定了土地利用 / 土地覆盖的数据。土地利用 / 土地利用变化可分为耕地、林地、草地、水域、建设用地和未利用地 6 个基本类型和 25 个亚类型。根据模型手册（Sharp 等，2016 年）的建议，可用土壤深度代替根系限制层深度。利用 12 个水文站的数据验证了营养盐输送比（NDR）模型。水利基础设施包括水库、大坝、污水处理厂等。水利基础设施的密度是指每千米水利基础设施的信息点（POI）数。模型输入、输出和结果的所有数据，分辨率为 1km。

3. 水资源安全评估

（1）年度和季节产水量模块

InVEST 年产水量模型是基于 Budyko 水热耦合平衡假设，假设所有水（蒸发蒸腾除外）都到达流域出口，需要 9 个输入参数的模块以网格单元为单位计算（Sharp 等，2016）。流域内各栅格单元 x 的年产水量 $Y(x)$ 计算公式如下：

$$Y(x) = \left\{1 - \frac{AET(x)}{P(x)}\right\} \times P(x) \qquad \text{公式 4-10}$$

式中，$AET(x)$ 是栅格单元 x 的年实际蒸散量，$P(x)$ 是栅格单元 x 的年降水量。

季节产水量模块可以量化月供水量，有助于了解流域的水文过程，特别是快速流（发生在降雨期间或之后不久）和基流（发生在干燥天气期间）之间的划分（Sharp 等，2016）。

（2）敏感性分析和模型校准

本研究验证了克里金法（kriging）、反距离加权法（IDW）、径向基函数法（RBF）、全局多项式插值法（GPI）和含障碍插值法（IWB）的精度，这些方法通过"留一交叉验证"（Kohavi，1995）来插值降水量和蒸散量。此验证将删除某个位置的数据，然后根据剩余的数据进行预测。例如，对于 26 个观测点，使用剩余的 25 个数据点计算每个点的值，并比较预测值和观测值。均方根误差（RMSE）用于测量预测值和观测值之间的偏差（Wu 等，2019）。

年产水量模块中的输入参数 Z 是一个经验常数，用于捕捉当地降水模式和水文地质特征，通常在 1—30（Sharp 等，2016）。Budyko 干燥指数理论表明，Z 值越高，季节常数 Z 对模型结果的影响越小（Zhang 等，2004）。因此，我们通过比较模拟产水量和水资源公报的观测数据来选择最佳 Z 值。

（3）水资源需求

江苏、浙江、安徽和上海的水资源公报（《江苏水资源公报》，2015；《浙江水资源公报》，2015；《安徽水资源公报》，2015；《上海水资源公报》，2015）报告了 15 个城市的年需水量数据。为保持一致性，可将需水量分为三类：农业、工业和生活用水。农业灌溉与林业、畜牧业、牲畜用水合并为农业用水需求，城市公共用水、居民用水、生态环境用水（仅城市绿化用水）合并为生活用水需求。

还要将需水量换算成月值。利用月蒸散量的比例将年农业需水量转换为月需水量（Drastig 等，2016；Sun 等，2018）。区域差异主要与植被空间分布的变化有关，因此根据归一化差异植被指数（NDVI）对月农业需水量进行了栅格化（Jiang 等，2003）。工业和生活用水是集中供应的，因此使用文献中报告的每月城市用水量比例将年度工业和生活用水需求转换为每月值（Pesic 等，2013；Chang 等，2015）。工业和生活用水需求分别与国内生产总值（GDP）和人口密度有关。因此，利用 GDP 和人口分布数据对每月工业和生活用水需求进行了栅格化。

（4）水资源供给和需求比量化

本研究通过对数变换建立比率，以帮助可视化和分析这种高度偏斜的分布（Boithias 等，2014）。计算公式如下：

$$R=\log_{10}\left(\frac{S}{D}\right)$$ 公式 4-11

式中，R 为月供水量与需水量之比，S 为月供水量，D 为月需水量。

4. 水环境安全评估

（1）水质净化模块

水质净化（NDR）模块旨在根据植被和土壤通过储存和转化去除或减少径流中养分的机制，评估生态系统中植被和土壤的净水服务。主要算法是：

$$ALV_x=HSS_x\times pol_x$$ 公式 4-12

式中，ALV_x 为栅格 x 的调整养分（TN，TP）负荷值，HSS_x 为栅格 x 的水文敏感性得分，pol_x 为栅格 x 的输出系数。

（2）敏感性分析和模型校准

水质净化模块的校准包括 3 个步骤。首先，模型手册建议使用 "quick flow" 作为 "Nutrient runoff proxy" 输入参数。为了保证模型的精度，建议使用已验证的产水量模块的输出。其次，通过比较真实区域河图和模型河图，对 threshold flow accumulation（TFA）进行了标定。最后，通过对研究区 12 个水文监测站的模拟结果与实测值的比较，选择了最佳的 Borselli k 值。Borselli k 对总氮和总磷排放变化幅度和方向的影响因地形而异（Redhead 等，2018）。

（3）水安全指数计算

水安全评价指标具有不同的维度和数量级。因此，使用最小 - 最大归一化法对原始指标数据进行归一化（Wang 等，2019a）。正负指数的计算公式为：

$$Y=\frac{X-X_{\min}}{X_{\max}-X_{\min}}$$ 公式 4-13

$$Y=\frac{X_{\max}-X}{X_{\max}-X_{\min}}$$ 公式 4-14

式中，Y 为标准值，X 为原始值，$X_{\max}$ 和 $X_{\min}$ 分别为指标的最大值和最小值。

组合权重计算公式：

$$W_C=\frac{W_a+W_e}{2}$$ 公式 4-15

式中，W_c 是组合权重，W_a 是 AHP 的权重，W_e 是熵权法的权重。

（三）水安全评估指标与指数

1. 模型校准与敏感性分析

根据表 4-3 和表 4-4，可知克里金法用于降水量和潜在蒸散量（ET_0）的空间插值。尽管 6 月和 7 月降水量的克里金法的 RMSE 大于 IWB，但在其他月份和全年都最小。同样，11 月份蒸散量的 kriging 的 RMSE 与 RBF 方法相当，但在其他月份和全年都是最小的。

表 4-3　降水的不同空间插值方法的均方根误差

月份	克里金	反距离权重	径向基函数	全局多项式	含障碍的插值
1	11.78	14.72	12.42	17.26	12.54
2	8.38	8.59	8.46	10.39	8.47
3	8.37	9.33	9.02	8.48	9.03
4	37.47	50.50	44.11	66.28	38.70
5	39.22	39.88	39.96	48.98	39.46
6	90.31	93.04	93.43	113.41	85.57
7	65.95	88.31	72.39	148.58	69.65
8	43.30	46.92	45.81	45.40	45.22
9	63.73	68.08	63.81	87.75	73.37
10	52.55	58.69	53.66	59.37	59.89
11	19.30	19.39	19.44	19.57	19.34
12	10.28	11.34	11.17	14.44	10.61
年	172.23	206.04	180.60	350.34	175.77

表 4-4　潜在蒸散量的不同空间插值方法的均方根误差

月份	克里金	反距离权重	径向基函数	全局多项式	含障碍的插值
1	3.85	4.31	4.04	4.57	3.93
2	5.94	6.89	6.45	6.14	6.46
3	6.28	6.66	6.50	6.72	6.65
4	7.70	8.10	8.18	9.39	8.24

续表

月份	克里金	反距离权重	径向基函数	全局多项式	含障碍的插值
5	26.71	27.49	27.23	26.64	27.53
6	9.19	10.13	10.08	10.17	10.74
7	17.21	17.62	17.62	19.10	18.49
8	17.77	18.73	18.58	20.67	19.13
9	12.50	13.62	13.37	12.70	13.57
10	7.76	8.63	8.15	8.42	8.15
11	5.41	5.46	5.41	6.17	5.70
12	6.56	6.86	6.65	6.57	6.59
年	87.22	94.94	93.74	89.90	96.05

通过对流域内观测水资源和模拟水资源的比较，得出 Z 值为 30。对敏感度分析表明（图 4-7），当 Z 值由 1 变为 10 时，绝对误差减小 147.57×10^8 m³，相对误差减小 11.15%。当 Z 为 10—30 时，绝对误差下降 11.52×10^8 m³，相对误差仅为 0.87%。当 $Z=1$—10 时，模拟结果变化很大，代表灵敏度较高。当 $Z=10$—30 时，结果相对稳定。

使用 TFA（=100、200、300、500、1000 和 2000）测试营养传递率模块的敏感性。当 TFA=200 时，模型蒸汽图与观测值最为相似。最佳 TFA（200）小于默认值（1000），这可能与研究区域内的同质地形和密集河网有关，即 TFA 值越小，河网越密集。

Borselli k 的默认值为 2，当 $k=2$ 时，TN 的模拟值与观测值的误差为 8.93%，TP 的模拟值与观测值的误差为 3.56%，模型误差最小。图 4-7 显示了与使用默认 Borselli k 参数值 2 和最佳 TFA 参数 200 时获得的值相比，建模 TN 和 TP 排放的百分比变化。总的来说，当 Borselli k 从 2 降到 0.5 时，TN 和 TP 排放的变化更为敏感，其变化幅度大于 Borselli k 从 2 降到 10 时的变化幅度。

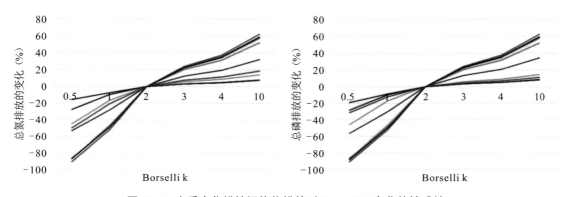

图 4-7　水质净化模块污染物排放对 Borselli k 变化的敏感性

2. 指标空间化和分析

（1）水资源安全指标

长三角地区产水量高的区域主要分布在长江干流沿线，产水量低的区域主要分布在中部、西北部和东南部地区（图 4-8）。平均产水量排名前 3 位的是芜湖（152.31×10^4 m³/km²）、南通（140.83×10^4 m³/km²）和常州（137.12×10^4 m³/km²），排名后 3 位的是苏州（100.64×10^4 m³/km²）、扬州（107.40×10^4 m³/km²）和绍兴（113.12×10^4 m³/km²）。

水资源供需在季节尺度上是与其相匹配的。然而，在月尺度上有一些小的不匹配区域。一般来说，高供水量主要出现在 6 月（平均值 ± 标准差 =$13.65 \pm 5.9 \times 10^4$ m³/km²）和 7 月（$14.16 \pm 6.63 \times 10^4$ m³/km²），低供水量出现在 1 月（$10.17 \pm 2.25 \times 10^4$ m³/km²）和 2 月（$9.63 \pm 3.22 \times 10^4$ m³/km²）。高需水量出现在 7 月（$4.43 \pm 6.37 \times 10^4$ m³/km²）和 8 月（$4.93 \pm 6.44 \times 10^4$ m³/km²），低需水量出现在 12 月（$2.28 \pm 5.96 \times 10^4$ m³/km²）和 1 月（$2.12 \pm 5.91 \times 10^4$ m³/km²）。然而，缺水问题总是出现在一些地区（$R < 0$），尤其是在 8 月（图 4-9）。就水资源平均供需比（R）而言，最好的 3 个月是 1 月（$R=0.72$）、10 月（0.68）和 11 月（0.66），最差的 3 个月是 8 月（0.30）、5 月（0.52）和 3 月（0.53）。

水资源供需之间存在空间不匹配。高值供水区主要分布在长江干流，低值供水区主要分布在长三角南部（浙江省）。水需求主要集中在城市建成区，而城市郊区的水需求较低。R 值从沿海向内陆增加，呈现出西部高、东部低的格局。高 R 值区主要分布在芜湖（0.79）、马鞍山（0.78）、杭州（0.70），低 R 值区主要分布在上海（0.15）、苏州（0.41）、无锡（0.42）。

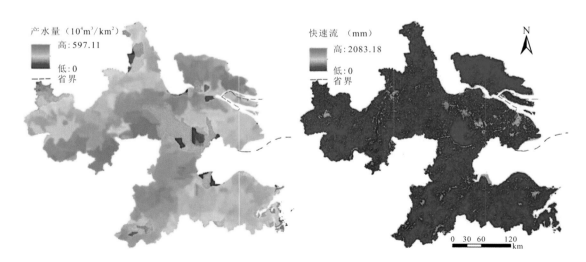

图 4-8　长三角地区 15 个重点城市年产水量和年快速流

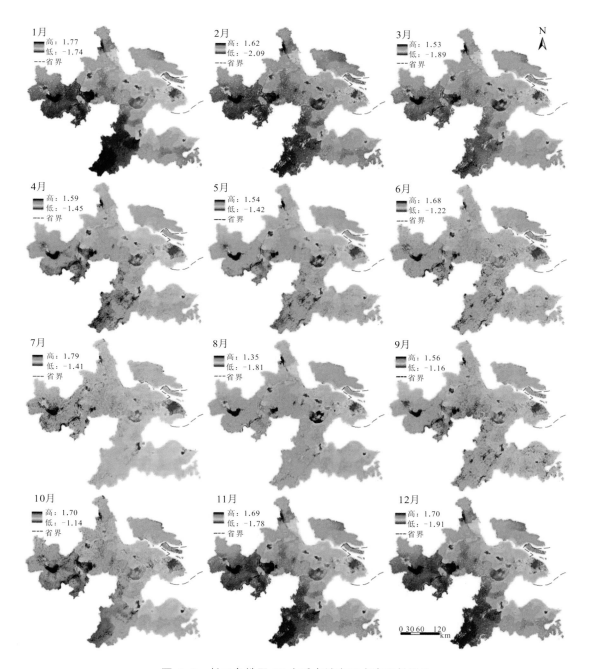

图 4-9　长三角地区 15 个重点城市月水资源供需比

（2）水环境安全指标

快速流平均值排名前 3 位的城市是无锡（385.12 mm/km^2）、上海（375.18 mm/km^2）和芜湖（349.98 mm/km^2），排名后 3 位的城市是绍兴（130.51 mm/km^2）、扬州（152.70 mm/km^2）和南通（160.66 mm/km^2）。营养盐（TN 和 TP）是长三角地区的主要污染物。总氮和总磷的平均排放量分别为 2463.62 ± 3441.95（平均值 ± 标准差）kg/km^2 和 151.18 ± 198.16 kg/km^2（图 4–10）。TN、TP 排放高值区相似，主要分布在上海、南京、杭州，形成了"一个中心、两个副中心"的空间格局。

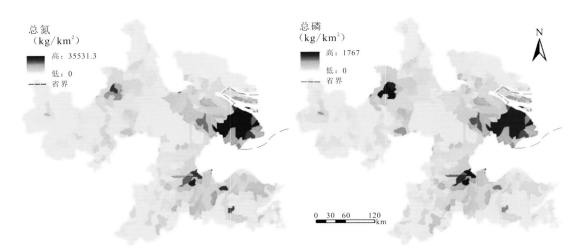

图 4–10　长三角地区 15 个重点城市总氮和总磷排放情况

（3）开发和利用潜力指标

长三角地区平均人口密度为 901 ± 1975 人 /km^2，平均 GDP 密度为 9914 ± 294 元 /km^2。水利基础设施的最高密度为每平方千米 24 个（图 4–11）。人口、GDP 和水利基础设施密度的空间分布相似，均为城市建成区高值、周边郊区低值。从整个研究区来看，高值区由沿海向内陆递减，呈现东高西低的格局。

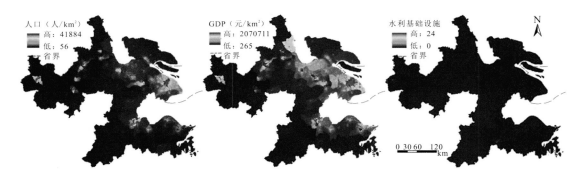

图 4–11　长三角地区 15 个重点城市人口、GDP 和水利基础设施密度的空间分布

3. 水安全评估指数

长三角地区综合水安全指数平均值为 0.65 ± 0.06，相对较高（图 4–12）。高值区域分布广泛，低值区集中在中部和东部地区。平均综合水安全指数排名前 3 位的城市是芜湖（0.685）、马鞍山（0.673）、常州（0.672），水资源和环境承载力较强。排名后 3 位的城市是

面临水安全问题的上海（0.519）、苏州（0.620）和南京（0.623）。综合水安全指数一级和二级合计占 65.67%（表 4-5）。

长三角地区水资源安全指数平均值为 0.13±0.02。高值区域分布在西部地区，低值区域分布在中部和东部地区。平均水资源安全指数排名前 3 位的城市是芜湖（0.147）、马鞍山（0.139）和湖州（0.138），排名后 3 位的城市是上海（0.107）、苏州（0.120）和扬州（0.121）。水资源安全指数一级和二级合计占 65.67%。

长三角地区水环境安全指数平均值为 0.37±0.05。高值区域主要分布在西部，低值区域分布在中部和东部。平均水环境安全指数排名前 3 位的城市是常州（0.396）、芜湖（0.393）和湖州（0.388）。排名后 3 位的城市是上海（0.277）、南京（0.352）和苏州（0.356）。水环境安全指数一、二级达到 67.57%。

长三角地区开发和利用潜力的平均值为 0.14±0.01。高值区域位于城市郊区，低值区位于城市建成区。平均开发利用潜力指数排名前 3 位的城市是马鞍山（0.146）、湖州（0.145）和杭州（0.145），排名后 3 位的城市是上海（0.138）、无锡（0.144）和苏州（0.144）。开发和利用潜力一级、二级达到 95.85%。

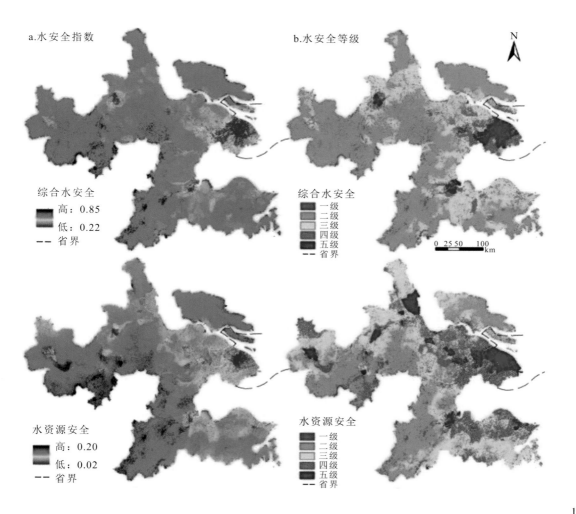

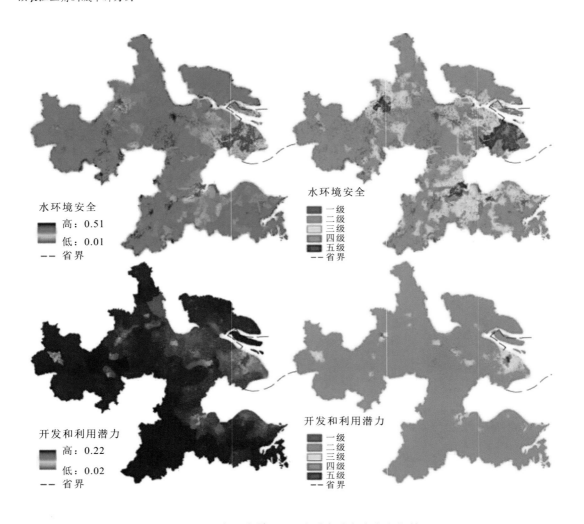

图 4-12　长三角地区 15 个重点城市水安全指数

表 4-5　长三角地区 15 个重点城市水安全指数分类统计表

	综合水安全		水资源安全		水环境安全		开发和利用潜力	
	区间	面积占比	区间	面积占比	区间	面积占比	区间	面积占比
一级	（0.71，0.85）	8.64%	（0.15，0.20）	8.49%	（0.42，0.51）	9.83%	（0.15，0.22）	0.37%
二级	（0.64，0.71）	57.03%	（0.13，0.15）	35.41%	（0.37，0.42）	57.74%	（0.14，0.15）	95.48%
三级	（0.58，0.64）	25.89%	（0.12，0.13）	33.09%	（0.32，0.37）	24.01%	（0.12，0.14）	3.71%
四级	（0.49，0.58）	5.48%	（0.10，0.12）	17.56%	（0.25，0.32）	5.31%	（0.09，0.12）	0.36%
五级	（0.22，0.49）	2.95%	（0.02，0.10）	5.46%	（0.01，0.25）	3.11%	（0.02，0.09）	0.08%

五、长三角地区可持续水管理及应用

（一）基于水安全的空间规划指引

1. 基于水安全的空间规划指引研究方法

这是以水安全评估结果为基础的空间规划指引。利用 Jenks 自然断裂法（Jenks，1967）将综合水安全划分为 5 个等级，前两级具有较高的水安全价值和较强的资源环境承载力。再采用 Jenks 自然断裂法，将各县域单元的一、二级（综合水安全指数 > 0.64）总面积划分为四级。最后，将研究区划分为限制开发区、优化开发区、优先开发区和禁止开发区，分别对应国家确定的低、中、高水安全评价和自然保护区。

2. 基于水安全的空间规划指引研究

基于水安全指数的空间开发分区如图 4-13 所示。利用 ArcGIS 10.2 中的 Jenks 自然断裂法划分了 15 个市 130 个县级行政单位的一级和二级综合水安全等级比例之和，确定了管理区域。一、二级比例之和，限制开发区为 0—25.25%，优化开发区为 25.25%—66.86%，优先开发区为 66.86%—100%。禁止开发区是根据长江流域的自然保护区确定的。

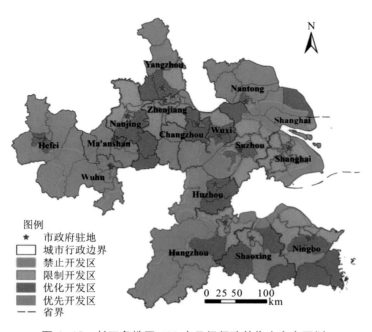

图 4-13　长三角地区 130 个县级行政单位水安全区划

限制开发区57个县级行政单位的水资源开发强度应受到限制,其水安全水平较低(表4-6)。该区经济发达,人口密集,土地利用强度很高,资源环境问题突出,且该区域的安全影响着整个长三角地区的生态安全。这一地区的城市化和工业化程度高于其他地区。人类活动的密集和大量工业、生活污染物的频繁排放,给水环境和水资源造成了巨大的意想不到的压力。因此,全区要大力发展具有自主知识产权的技术先进产业,加快发展现代服务业,尽快向以服务经济为基础的产业结构转变。由于水安全的高度脆弱性,该区域必须有效保护水、森林、草地等基本和重要的生态空间。此外,开发区还应考虑建设海绵城市,为提高城市雨水综合利用率提供契机,从而减少城市雨水径流的面源污染。

优化开发区36个县级行政单位的水安全水平开始下降,应优化工业化和城镇化程序(表4-6)。由于经济发展和工业生活用水需求较高,资源环境问题开始显现。应限制区域大规模的城市化和工业化,合理控制人口规模。经济社会发展应当在水安全的范围内,与当地水资源和水环境相适应,支持和发展节水有机农业,推广灌溉技术装备。此外,应通过调整工业和居民用水价格来促进水的再利用,以加强节水。加强工业园区废水集中处理和污水处理厂升级改造,是减少工农业和城市生活污染源的根本措施。尽量减少工矿建设,扩大绿色生态空间。

优先开发区的37个县级行政单位中,水资源安全性最高的地区应加强工业化和城市化(表4-6)。该区经济基础雄厚,水安全水平高,人口和经济聚集条件良好,发展潜力巨大,未来的发展应促进有着先进技术和高附加值绿色产业体系的城市有组织地人口增长。

禁止开发区包括典型的自然生态系统,其中有珍稀濒危野生物种,具有珍贵的自然遗产和重要的生态安全价值。该区域必须避免工业化和城市化的发展,包括长江口和沿海湿地、长江安庆湿地、太湖、扬子鳄保护区和皖南山区,主要分布在上海、合肥、芜湖、苏州和杭州(表4-6)。

表4-6 长三角地区130个县级行政单位水安全区划及统计

城市	限制开发区	优化开发区	优先开发区	禁止开发区
上海	闵行、奉贤、嘉定、杨浦、黄浦、青浦、徐汇、崇明、静安、松江、普陀、浦东新、虹口、长宁、宝山、闸北、金山	无	无	长江口与滨海湿地保护区
南京	玄武、秦淮、鼓楼、栖霞、浦口、六合、雨花台、建邺	高淳、溧水、江宁	无	无
无锡	北塘、江阴	惠山、锡山、滨湖、南长、崇安	宜兴	太湖保护区

续表

城市	限制开发区	优化开发区	优先开发区	禁止开发区
常州		钟楼、新北、武进	天宁、戚墅堰、溧阳、金坛	无
苏州	姑苏、虎丘、太仓、昆山、相城、常熟、吴江	张家港、吴中	无	太湖保护区
南通	崇川	港闸、启东	海门、如东、通州、如皋、海安	长江口与滨海湿地保护区
扬州	江都	广陵、邗江、仪征	宝应、高邮	无
镇江	句容、润州、丹徒、丹阳	扬中、京口	无	无
杭州	下城、上城、滨江、拱墅、江干、西湖、萧山、余杭	富阳	建德、临安、桐庐、淳安	皖南山区保护区
宁波	镇海、海曙、慈溪、北仑、江北、余姚	鄞州、象山、江东、宁海		长江口与滨海湿地保护区
湖州	无	吴兴、南浔、德清	长兴、安吉	扬子鳄保护区
绍兴	越城、柯桥	上虞、诸暨、新昌	嵊州	长江口与滨海湿地保护区
合肥	无	庐阳、包河、蜀山	长丰、瑶海、肥西、庐江、肥东、巢湖	安庆长江湿地保护区
芜湖	无	镜湖	鸠江、南陵、无为、繁昌、三山、弋江	安庆长江湿地保护区、扬子鳄保护区
马鞍山		花山	雨山、和县、当涂、博望、含山	无

  在栅格尺度上进行水安全评价，细化水安全评价结果，发现在大尺度评估中难以识别水资源和水环境问题（城市尺度和省级尺度）。目前没有办法为每个栅格制定政策建议，政策制定者通常根据行政级别制定环境政策和土地利用发展计划。因此，我们在县级提出了建议。此外，决策者可以根据水安全评估结果，确定县级行政单位未来的发展方向。在水资源低值区和污染排放高值区，应根据空间指标的确定，采取相应的环境管理措施。

（二）生态补偿机制探索

1. 生态补偿机制研究方法

利用总氮、总磷排放量和产水量计算当前水质，通过计算研究区域当前和目标水质之间的差值，并对这些差异进行排序，确定生态补偿的购买方和供应方。目标水质定义为Ⅲ类（TN ≤ 1.0 mg/L，TP ≤ 0.2 mg/L）。

2. 生态补偿机制研究

现状水质与目标水质的差值如图 4-14 所示。正差异的区域表明污染比净水能力更严重，造成这种污染的一方应该是生态系统服务的购买方。负差异地区是生态系统服务的供应方，应当得到资金补偿。购买方可根据补偿标准（如处理污染物的成本）计算生态补偿金额，购买方和供应方可根据当前水质和目标水质之间的差异等级分配生态补偿金额。

从总氮来看，31 个县级行政单位占总面积的 23.85%，应接受补偿资金，排在前 3 位的是如东（-0.76 mg/L）、肥东（-0.51 mg/L）和淳安（-0.49 mg/L）；99 个县级行政单位，占总面积的 76.15%，应提供生态补偿资金，前 3 位是普陀（14.78mg/L）、杨浦（14.75mg/L）、闵行（14.71mg/L）。从总氮来看，88 个县级行政单位，占总面积的 67.69%，应接受补偿资金，前 3 位是如东（-0.18mg/L）、襄阳（-0.17mg/L）、宜兴（-0.16mg/L）；42 个县级行政单位，占总面积的 32.31%，应提供生态补偿资金，前 3 位是商城（=0.74mg/L）、滨江（0.71mg/L）、宣武（0.60mg/L）。

在研究区的 130 个县级行政单位中，大部分限制开发区（占 43.4%）由城市市区组成。上海市区对外影响力最强，与苏州、南通相连。这些领域与生态系统服务购买者的领域重叠。重点开发区（占 28.9% 的面积）位于远郊区，除安徽省的 3 个城市外，远郊区与生态环境服务付费（PES）供应区重叠。

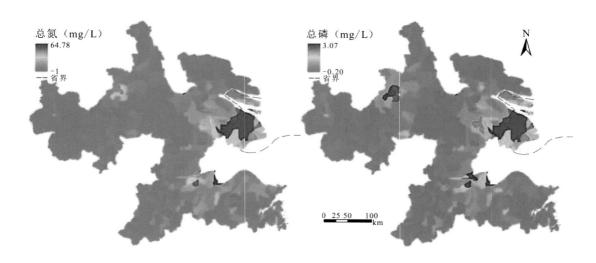

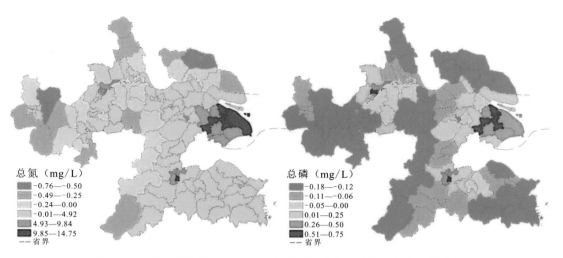

图 4-14　长三角地区 130 个县级行政单位现状水质与目标水质的差值

　　生态补偿的应用主要体现在：生态补偿的购买方和供给方的划分，以及生态补偿金额的分配。生态补偿机制在长三角地区有着广泛的应用。行政部门管理的标准是流域水质问责制度，补偿基金按国家控制监测达标比例支付。然而，可用的资金远远低于当地生态补偿项目的建设和机会成本。例如，2012 年，国家和两个省政府联合开展了新安江流域补偿试点。上游黄山市取消水产养殖，清理污染企业，建设污水处理设施，地方财政支出 109 亿元，其中两轮试点获得补偿资金 30.2 亿元。由于对水资源的重视和支持力度尚不足，基于水质责任制的生态补偿还不够全面，无法对供水企业进行全面的补偿。因此，生态补偿绩效评价是生态补偿配置的重要依据。指标的选择涉及一种权衡，容易评估的指标可以降低交易成本，促进沟通，但有可能遗漏重要信息，而且实际上可能达不到保护目标。相比之下，更严格的指标可能准确地捕捉服务价值，但会增加成本。因此，利用低数据需求的生态系统服务模型进行模拟是评价生态补偿机制的一种简单而全面的方法。

（三）基于环境物联网的原位监测技术

1. 技术特点

　　基于 InVEST 生态系统模型，应用物联网技术实时收集环境数据，结合 GIS、遥感等相关技术，将收集数据构建基于空间数据库的水资源安全评估系统，形成基于城市群的环境物联网关键技术与示范。应用该平台可监测城市环境要素安全变化情况，揭示其生态修复前后的环境特征变化，提供城市生态修复发展空间的数据支持。此外，该系统利用成熟的生态评估模型，以大数据和云计算技术为基础，构建数据收集、统计、分析、应用于一体的综合服务管理平台（图 4-15 和图 4-16）。该系统通过数据分析整合，深入揭示影响城市水安全的因素、机理、机制等，为城市建设者、管理者、决策者提供重要参考。该系统还对区域水资源安全进行定量评估，研究城市用水的压力，便于城市建设者、管理者、决策者对用水、调水各项水相关政策的把握。

2.应用案例

（1）研究区域

浙江宁波位于中国的东南沿海长三角城市群区域，地势西南高、东北低，属亚热带季风气候，温和湿润，四季分明。其多年平均气温 16.4℃，多年平均降水量为 1480mm 左右，多年平均日照时数 1850h。宁波是浙江省八大水系城市之一，河流有余姚江、奉化江、甬江。余姚江发源于西北部绍兴市上虞区梁湖，奉化江发源于南部奉化区斑竹。发源地离宁波市区较远，途经城市区域较多。两江在宁波市区三江口汇成甬江，流向东北入东海。而樟溪发源于宁波市区西部的四明山腹地，距离宁波市区较近，流经宁波市的远郊、近郊和城市中心区后在鄞江镇经古代著名水利工程——它山堰分流后，向东注入奉化江；另一路则沿南塘河，进入宁波市区。樟溪河流经区域不受长三角城市群其他城市的影响，能更好地代表一个城市系统内经历的城市化不同阶段。宁波市芦江和小侠江流域均位于宁波市北仑区，该区域以境内深水港——北仑港而得名，2018 年入选中国工业百强县区，是属于城市近郊的沿海区县市，流域内工业发展造成了当地水体、土壤和大气的污染，研究该区域具有代表性。

（2）平台系统框架

图 4-15　系统框架

（3）平台系统结构

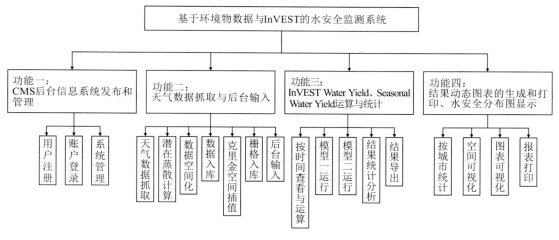

图 4-16　系统结构

（4）平台系统步骤

基于环境物联网数据的水资源安全监测系统是基于 InVEST 模型的年均产水量模型及季节产水量模型。对降雨、潜在蒸散，以及相关的地表参数进行计算，得到年时间步长和月时间步长的城市水资源空间分布，其中降雨和潜在蒸散属于天气数据和通过天气数据估算所得的指标。

1）大气数据抓取。本系统对每一天的天气数据进行了定时自动抓取（每天晚上9点抓取当天天气数据），作为 InVEST 模型的输入参数。这部分功能为后台自动执行。天气数据源来自环境云平台的 API 及自行架设的部分物联网设备。季节产水量模型要求天气数据必须是月时间步长，这里增加了后台输入气象数据的功能。系统中的默认气象数据为 2016 年长三角城市群区域 38 个气象站点的气象数据（来源于中国气象数据网），或者选择原来的 151 个县级城市气象数据（来源于环境云平台）。

2）潜在蒸散计算。在抓取天气数据的同时直接对潜在蒸散量进行计算，这里采用的是 Hargreaves 法式，仅需要最高温度、最低温度和平均温度即可计算出潜在蒸散。这部分功能为后台自动执行。

$$ET_o = 0.0023 \times 0.408 \times RA \times (T_{avg}+17.8) \times TD^{0.5} \qquad \text{公式 4-16}$$

式中，ET_o 为潜在蒸散量（$mm \cdot d^{-1}$），RA 为太阳大气顶层辐射（$MJ \cdot m^{-2} \cdot d^{-1}$），$T_{avg}$ 是日平均气温（℃），TD 是日最高温均值和日最低温均值的差值（℃）。

RA 可以通过以下经验公式计算：

$$RA = \frac{24(60)}{\pi} G_{sc} d_r [\omega_s \sin(\varphi)\sin(\delta)+\cos(\varphi)\cos(\delta)\sin(\omega_s)] \qquad \text{公式 4-17}$$

式中，RA 为太阳大气顶层辐射（$MJ \cdot m^{-2} \cdot d^{-1}$）；$G_{sc}$ 是太阳常数，取 $0.0820\ MJ \cdot m^{-2} \cdot min^{-1}$；$d_r$ 是日地距离的倒数；ω_s 是日落视角（rad）；φ 是纬度（rad）；δ 是太阳赤纬（rad）。

3）数据空间化。将数据关联到已有的矢量上，生成空间点要素的矢量数据，最后转成 geojson 数据。这部分功能为后台自动执行。

4）数据入库。将 geojson 数据导入 PostGIS 数据库。这部分功能为后台自动执行。

5）克里金空间插值。采用克里金空间插值技术，将降雨、潜在蒸散插值成研究区范围的栅格数据。这部分功能为后台自动执行。

6）栅格入库。利用 raste2pgsql 将生成的栅格导入 PostGIS 数据库，以时间作为命名。此外除了自动生成的气象数据以外，还有一些其他相关栅格数据一起导入。这部分功能均为后台自动执行。InVEST 年均产水量输入数据包括根系深度、植被可利用含水率（PAWC）、土地利用类型、年均潜在蒸散量、年均降雨量、流域边界、生物物理系数表，而季节产水量还要求输入每月降雨量分布、每月参考（潜在）蒸散量、高程、土地利用类型、流域边界、生物物理参数表、每月流域降雨次数（Sharp 等，2015）。

7）后台输入。由于季节产水量模型输入气象数据需要以月为时间步长，因此要增加后台输入功能，主要通过 FTP 之类的方式上传。这方面一般由系统管理人员操作。

8）按时间查看与运算。实时天气抓取与空间插值的功能属于每天系统自动执行的操作。而对于水源涵养的监测，可能需要在一定时间长度内进行查询和分析。在进入主页面之后，点击栅格管理页面，再点击"添加数据"。根据管理者和决策者的需求，可以在今天之前任意选择一个时间段，作为感兴趣的时间段，即可生成该时间段的降雨与潜在蒸散量的栅格数据。所有参数填写完毕后，点击提交，即可生成我们感兴趣区域的潜在蒸散量与降雨量，用于下一步水源涵养的计算。此外也可以点击"增加添加数据"手动添加自己的气象数据。

9）模型一运算。使用年均产水量模型计算的引导界面，填入计算所需的水分指标（包括降雨量、潜在蒸散量——水分蒸发量和植被含水率），其中植被含水率是由区域的土壤数据计算得到。降雨量和潜在蒸散量只需点击"选择"，系统就会弹出可以选择的输入数据。选择刚刚查看时间段生成的栅格，勾选，并点击"确定"，进入土地指标参数输入界面。这里需要输入的是土地利用数据——土地使用率、土壤深度数据——土壤深度（研究区土壤数据库得到），以及流域的矢量文件（由水文分析得到或者已有的流域数据），子流域为选填参数。若填入子流域的矢量文件，则在结果生成时分别产生流域和子流域的统计结果，否则只会生成流域尺度的统计结果。接着进入上传表格参数输入界面。这里需要上传的是年均产水量的生物物理参数表（生态数据表），用水需求表格（水需求）与水电转换系数表格（运算数据），三者均为 csv 格式文件。可以点击"模板下载"，下载得到模板表格，对系数进行更正和调整，主要是针对不同地表与水源涵养关系设置的参数。其中生物物理参数表是必填，其余二者是选填。上传用水需求表格，结果会多生成供水量和耗水量的数据；上传水电转换系数表格，可以得到最后具体的生态服务价值价格。上传方式即点击"选择文件"，找到表格即可。最后到其他参数输入界面。其他参数中可以根据不同研究区对影响系数进行调整，默认是 5。如不修改，即可点击"完成"，参数设定结束。点击"完成"后，即跳回"任务列表"，这时点击"运算"，即可以对刚刚设定完的任务和制定参数进行年均产水量计算。

10）模型二运算。使用季节产水量模型计算的引导界面，填入计算所需的土地与流域指标（包括计算年份、土地利用、海拔、流域数据与生物参数表），其中计算年份需要点击三角形，从下拉表里的年份中选择一年。目前系统中仅提供了 2016 年的数据，后续将会逐步更新数据。生物参数表必须自己上传，在本地电脑中选择生物参数表并点击"确定"。进入的界面主要是包括了输入的气象数据及土壤数据。土壤水文类型主要根据世界粮农组织（FAO）的全球土壤 1km 数据库进行构建得到，气象数据则根据后台输入的气象数据决定。这里可以上传的为降水次数表；如果模拟区域较小（如仅有一个气象站点），即可以直接上传降水次数表。如果模拟区域较大（当前为长三角城市群），则需要后面进一步数据输入。由于该系统上主要是模拟长三角城市群的水资源安全相关指标，因此必须使用气候区数据（气候区数据使用泰森多边形生成并转换为栅格文件）。接着根据气候区不同生成对应的降水次数表（区域气候数据表），这里需要上传。这一个界面里的参数均是可选参数。后面两个参数目前未使用，因此未考虑。最后一部分是关于一些模型结果优化的可调整参数。这里面根据模型输出结果与实际观测结果的差异，可以调整部分参数以优化输出结果。目前采用默认参数。点击"完成"后，即跳回"任务列表"，这时点击"运算"，即可以对刚刚设定完的任务和制定参数进行季节产水量计算。

11）结果统计分析。主要是生成了多个统计结果，包括栅格的、矢量的及图表的。

12）结果导出。在任务列表里，点击"地图"或"图表"，即可以跳转至统计和图表页面。在统计和图表页面上，提供了 InVEST 的年均产水量和季节产水量模型输出结果导出的功能。

参考文献

窦攀烽，左舒翟，任引，等 . 2019. 气候和土地利用 / 覆被变化对宁波地区生态系统产水服务的影响 [J]. 环境科学学报，39（7）:12.

傅伯杰，张立伟 . 2014. 土地利用变化与生态系统服务：概念，方法与进展 [J]. 地理科学进展，（4）:6.

郭洪伟，孙小银，廉丽姝，等 . 2016. 基于 CLUE-S 和 InVEST 模型的南四湖流域生态系统产水功能对土地利用变化的响应 [J]. 应用生态学报，27（9）:8.

何伟，宋国君 . 2018. 河北省城市水资源利用绩效评估与需水量估算研究 [J]. 环境科学学报，38（7）:10.

侯贵荣，毕华兴，魏曦，等 . 2018. 黄土残塬沟壑区 3 种林地枯落物和土壤水源涵养功能 [J]. 水土保持学报，32（2）:8.

侯晓臣，孙伟，李建贵，等 . 2018. 森林生态系统水源涵养能力计量方法研究进展与展望 [J]. 干旱区资源与环境，32（1）:7.

刘朝顺，高炜，高志强. 2009. 应用 MODIS 数据推估区域地表蒸散 [J]. 水科学进展，（6）:7.

卢慧婷，黄琼中，朱捷缘，等. 2018. 拉萨河流域生态系统类型和质量变化及其对生态系统服务的影响 [J]. 生态学报，38（24）:8911-8918.

潘韬，吴绍洪，戴尔阜，等. 2013. 基于 InVEST 模型的三江源区生态系统水源供给服务时空变化 [J]. 应用生态学报，24（1）:7.

孙小银，郭洪伟，廉丽姝，等. 2017. 南四湖流域产水量空间格局与驱动因素分析 [J]. 自然资源学报，32（4）:11.

王玉纯，赵军，付杰文，等. 2018. 石羊河流域水源涵养功能定量评估及空间差异 [J]. 生态学报，38（13）.

吴健，李英花，黄利亚，等. 2017. 东北地区产水量时空分布格局及其驱动因素 [J]. 生态学杂志，36（11）:8.

谢余初，巩杰，齐姗姗，等. 2017. 基于 InVEST 模型的白龙江流域水源供给服务时空分异 [J]. 自然资源学报，32（8）:11.

徐洁，肖玉，谢高地，等. 2016. 东江湖流域水供给服务时空格局分析 [J]. 生态学报，36（15）:15.

BAKKER K. 2012. Water Security: Research Challenges and Opportunities[J]. Science, 337（6097）:914.

BOITHIAS L, ACUNA V, VERGONOS L, et al. 2014. Assessment of the water supply:demand ratios in a Mediterranean basin under different global change scenarios and mitigation alternatives[J]. Science of the Total Environment, 470-471（FEB.1）:567-577.

CHANG Y, TAN J, PENG J, et al. 2015.Relativity analysis of daily water supply and meteorology factor and establishment of forecast model in Shanghai[J]. Journal of Water Resources and Water Engineering.

CHAWLA I, KARTHIKEYAN L, MISHRA A K. 2020. A Review of Remote Sensing Applications for Water Security: Quantity, Quality, and Extremes[J]. Journal of Hydrology, 585（6）:124826.

CONG W, X SUN. 2020. Comparison of the SWAT and InVEST models to determine hydrological ecosystem service spatial patterns, priorities and trade-offs in a complex basin[J]. Ecological Indicators, 112:106089.

COSTANZA R, ARGE, GROOT R D, et al. 1997. The value of the world's ecosystem services and natural capital[J]. Nature, 387（15）:253-260.

CUENCA, JANET S, et al. 2017.The use of indicators in environmental policy appraisal: lessons from the design and evolution of water security policy measures[J]. Journal of Environmental Policy & Planning, 19（1/2）:229-243.

DAILY G C. 1997.Nature's Services: Societal Dependence on Natural Ecosystems.

DENG X, ZHAO C. 2014. Identification of Water Scarcity and Providing Solutions for Adapting to Climate Changes in the Heihe River Basin of China[J]. Advances in Meteorology, 2014:1-13.

DONG J, WANG N B, YANG X H, et al. 2003.Study on the interaction between NDVI profileandthe growing status of crops[J]. Chinese Geographical Science, 13（001）:62-65.

DONOHUE R J, RODERICK M L, MCVICAR T R. 2012. Roots, storms and soil pores: Incorporating key ecohydrological processes into Budyko's hydrological model[J]. Journal of Hydrology, 436-437:35-50.

DRASTIG K, PROCHNOW A, LIBRA J, et al. 2016. Irrigation water demand of selected agricultural crops in

Germany between 1902 and 2010[J]. Science of the Total Environment, 569–570 (Nov.1) :1299–1314.

DROOGERS P, ALLEN R G. 2002. Estimating Reference Evapotranspiration Under Inaccurate Data Conditions[J]. Irrigation and Drainage Systems, 16 (1) :33–45.

FANG L, WANG H, YUAN Y, et al. 2015. The Use and Non-use Values of Ecosystem Services for Hechuan Wetland[J]. Journal of Resources and Ecology, 6 (5) :302–309.

FISHER B, TURNER R K, MORLING P. 2009.Defining and classifying ecosystem services for decision making[J]. Ecological Economics, 68 (3) :643–653.

GAO J, F LI, GAO H, et al. 2015.The impact of land-use change on water-related ecosystem services: A study of the Guishui River Basin, Beijing, China[J]. Journal of Cleaner Production, S0959652616000846.

GENELETTI D. 2013. Assessing the impact of alternative land-use zoning policies on future ecosystem services[J]. Environmental Impact Assessment Review, 40 (Apr.) :25–35.

HANJRA M A, QURESHI M E. 2010. Global water crisis and future food security in an era of climate change[J]. Food Policy, 35 (5) :365–377.

HESS L, MEIR P, BINGHAM I J. 2015. Comparative assessment of the sensitivity of oilseed rape and wheat to limited water supply[J]. Annals of Applied Biology, 167 (1) :102–115.

HOEKSTRA A Y, BUURMAN J, GINKEL K. 2018.Urban water security: A review[J]. Environmental Research Letters, 13 (5) .

HU W, GUO L, GAO Z, et al. 2020. Assessment of the impact of the Poplar Ecological Retreat Project on water conservation in the Dongting Lake wetland region using the InVEST model[J]. Science of the Total Environment, 733:139423.

HU W, LI G, GAO Z, et al. 2020. Assessment of the impact of the Poplar Ecological Retreat Project on water conservation in the Dongting Lake wetland region using the InVEST model. Science of the Total Environ. 733: 139423.

HUANG J, YU H, HAN D, et al. 2020. Declines in global ecological security under climate change[J]. Ecological Indicators, 117:106651.

JENKS G F. 1967. The Data Model Concept in Statistical Mapping.

JENSEN O, WU H. 2018. Urban water security indicators: Development and pilot[J]. Environmental Science & Policy, 83:33–45.

JIA Z, CAI Y, CHEN Y, et al. 2018. Regionalization of water environmental carrying capacity for supporting the sustainable water resources management and development in China[J]. Resources, Conservation and Recycling, 134:282–293.

KOHAVI R. 1995. A study of cross-validation and bootstrap for accuracy estimation and model selection[C]// International joint conference on Artificial intelligence. Morgan Kaufmann Publishers Inc.

LANG Y, SONG W, ZHANG Y . 2017. Responses of the water-yield ecosystem service to climate and land use change in Sancha River Basin, China[J]. Physics and Chemistry of the Earth, Parts A/B/C, 102–111.

LEGESSE D, VALLET-COULOMB C, F GASSE. 2003. Hydrological response of a catchment to climate and land use changes in Tropical Africa: case study South Central Ethiopia[J]. Journal of Hydrology, 275(1-2):67-85.

LOGSDON R A, CHAUBEY I. 2013. A quantitative approach to evaluating ecosystem services[J]. Ecological Modelling, 257(Complete):57-65.

LU S, TANG X, GUAN X, et al. 2020. The assessment of forest ecological security and its determining indicators: A case study of the Yangtze River Economic Belt in China[J]. Journal of Environmental Management, 258:110048.

LÜKE A, HACK J. 2018. Comparing the Applicability of Commonly Used Hydrological Ecosystem Services Models for Integrated Decision-Support[J]. Sustainability, 10(2).

MALEKIAN A, HAYATI D, AARTS N. 2017.Conceptualizations of water security in the agricultural sector: Perceptions, practices, and paradigms[J]. Journal of Hydrology.

MEKONNEN M M, HOEKSTRA Y A. 2016. Four billion people facing severe water scarcity. Science Advances, 2(2): e1500323.

NIE W, YUAN Y, KEPNER W, et al. 2011. Assessing impacts of Landuse and Landcover changes on hydrology for the upper San Pedro watershed[J]. Journal of Hydrology, 407(1-4):105-114.

OUYANG Z, SÖDERLUND L, ZHANG Q. 2004.Scenario simulation of water security in China[J].Journal of Environmental Sciences, (05):765-769.

PANDEYA B, BUYTAERT W, ZULKAFLI Z, et al. 2016. A comparative analysis of ecosystem services valuation approaches for application at the local scale and in data scarce regions[J]. Ecosystem Services, 250-259.

PENG J, YANG Y, LIU Y, et al. 2018. Linking ecosystem services and circuit theory to identify ecological security patterns[J]. Science of The Total Environment, 644(dec.10):781-790.

PESIC R, JOVANOVIC M, JOVANOVIC J. 2013. Seasonal water pricing using meteorological data: case study of Belgrade[J]. Journal of Cleaner Production, 60, 147-151.

PESSACG N, FLAHERTY S, BRANDIZI L, et al. 2015. Getting water right: A case study in water yield modelling based on precipitation data[J]. Science of the Total Environment, 537:225-234.

POLASKY S, NELSON E, PENNINGTON D, et al. 2011. The impact of land-use change on ecosystem services, biodiversityandreturns to landowners: A case study in the state of Minnesota[J]. Environmental & Resource Economics, 48(2):219-242.

REDHEAD J W, STRATFORD C, SHARPS K, et al. 2016. Empirical validation of the InVEST water yield ecosystem service model at a national scale[J]. Science of the Total Environment, 569-570(nov.1):1418-1426.

REDHEAD J W, MAY L, OLIVER T H, et al. 2018. National scale evaluation of the InVEST nutrient retention model in the United Kingdom[J]. Science of the Total Environment, s 610-611:666-677.

REID W V, MOONEY H A, CROPPER A, et al. 2005. Millennium ecosystem assessment synthesis report[R]. Millennium Ecosystem Assessment.

REYERS B，BIGGS R，CUMMING G S，et al. 2013.Getting the measure of ecosystem services: a social－ecological approach[J]. Frontiers in Ecology and the Environment.

ROMERO－LANKAO P，GNATZ D M. 2016. Conceptualizing urban water security in an urbanizing world[J]. Current Opinion in Environmental Sustainability，21，45-51.

SAATY T L. 2008. Decision making with the analytic hierarchy process.[J]. International Journal of Services Sciences，1（1）:83-98.

SEN S M，KANSAL A. 2019. Achieving water security in rural Indian Himalayas: A participatory account of challenges and potential solutions[J]. Journal of Environmental Management，245（SEP.1）:398-408.

SHOMAR B，DARE A. 2015. Ten key research issues for integrated and sustainable wastewater reuse in the Middle East[J]. Environmental Science & Pollution Research，22（8）:5699-5710.

SMITH L E D，SICILIANO G. 2015. A comprehensive review of constraints to improved management of fertilizers in Chinaandmitigation of diffuse water pollution from agriculture[J]. Agriculture Ecosystems & Environment，209:15-25.

SRINIVASAN V，KONAR M，SIVAPALAN M. 2017. A dynamic framework for water security[J]. Water Security，S2468312416300220.

SULLIVAN C A . 2002. Calculating a Water Poverty Index[J]. World Development，30（7）:1195-1210.

SUN S K，LI C，WU P T，et al. 2018. Evaluation of agricultural water demand under future climate change scenarios in the Loess Plateau of Northern Shaanxi，China[J]. Ecological Indicators，84（JAN.）:811-819.

SUN S L，Ge S，CALDWELL P，et al. 2015. Drought impacts on ecosystem functions of the US National Forests and Grasslands: Part Ⅱ assessment results and management implications[J]. Forest Ecology & Management，353（2）:269-279.

SUN，FU，CHEN，et al. 2016. Developing and applying water security metrics in China: experience and challenges[J]. Current Opinion in Environmental Sustainability，21（Aug.）:29-36.

VEETTIL A V，MISHRA A K. 2018. Potential influence of climate and anthropogenic variables on water security using Blue and Green water scarcity，Falkenmark Index，and Freshwater Provision Indicators[J]. Journal of Environmental Management，228（DEC.15）:346-362.

VEETTIL A V，MISHRA A. 2020. Water Security Assessment for the Contiguous United States Using Water Footprint Concepts[J]. Geophysical Research Letters，47（7）.

VIGERSTOL K L，AUKEMA J E. 2011. A comparison of tools for modeling freshwater ecosystem services[J]. Journal of Environmental Management，92（10）:2403-2409.

VILLA F，CERONI M，BAGSTAD K，et al. 2009.ARIES（ARtificial Intelligence for Ecosystem Services）: A new tool for ecosystem services assessment，planning，and valuation.

WANG Q，LI S，LI R. 2019. Evaluating water resource sustainability in Beijing，China: Combining PSR model and matter-element extension method[J]. Journal of Cleaner Production，206（PT.1-1156）:171-179.

WANG Y，ATALLAH S，SHAO G. 2017. Spatially explicit return on investment to private forest conservation for water purification in Indiana, USA[J]. Ecosystem Services, 26:45–57.

WANG Y, WANG Y, SU X, et al. 2019. Evaluation of the Comprehensive Carrying Capacity of Interprovincial Water Resources in China and the Spatial Effect[J]. Journal of Hydrology, 575.

Wu Z, DOU P, CHEN L. 2019. Comparative and combinative cooling effects of different spatial arrangements of buildings and trees on microclimate – ScienceDirect[J]. Sustainable Cities and Society, 51, 101711.

XIAO Y, XIAO Q, OUYANG Z, et al. 2015. Assessing changes in water flow regulation in Chongqing region, China[J]. Environmental Monitoring & Assessment, 187（6）:1–13.

ZHAN C, XU Z, YE A, et al. 2011. LUCCandits impact on run–off yield in the Bai River catchment–upstream of the Miyun Reservoir basin[J]. Journal of Plant Ecology, 4（1/2）: 61–66.

ZHANG L, DAWES W R, WALKER G R. 2001. Response of mean annual evapotranspiration to vegetation changes at catchment scale[J]. Water Resources Research, 37（3）: 701–708.

ZHANG L, HICKEL K, DAWES W R, et al. 2004. A Rational Function Approach for Estimating Mean Annual Evapotranspiration[J]. Water Resources Research, 40（2）.

ZHENG H, LI Y, ROBINSON B E, et al. 2016. Using ecosystem service trade–offs to inform water conservation policiesandmanagement practices[J]. Frontiers in ecology and the environment, 14: 527–532.

ZHOU W, LIU G, PAN J, et al. 2005. Distribution of available soil water capacity in China[J]. Journal of Geographical Sciences, 15（1）:3–12.